Zero

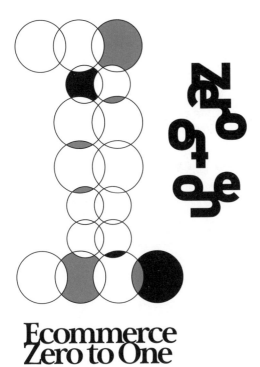

電商從 0 到 1

掌握網路經營成功策略
最完整電商教戰守則

不藏私電商致勝心法，廣告、數據、行銷全公開！
五大關鍵思維，電商創業不可或缺的攻略密技。

Ecommerce
Zero to One

電商創業如何跨出第一步？

劉家昇 Samuel Liu
————————————著

目錄

序章

**電商0到100過程中，
每個人都需要的指南。**

推薦序
文 / 林之晨

網路金童玉女賀元薛曉嵐，成功向英特爾等創投募資七億。

1999年，我還在台大念大三，網路與電商第一次如狂潮般席捲台灣，公車、戶外看板，突然間都被dotcom廣告佔據，報章雜誌，天天可以看到網路公司成功募資的消息。

我與幾個學長決定，我們不能錯過這個大時代，找了幾個會做網站的資工系學弟，我們也跳入電商創業的世界，要把到光華商場買電腦的體驗搬到線上，讓全台消費者，都可以透過網路訂購符合他們需求的客製化 PC。

接著我們辛苦架站，解決硬體、軟體、通訊、認證、金流、訂單列印等等各種疑難雜症，同年秋天，我們自己從 0 到 1 蓋出來、包含完整前後台的電子商務網站「哈酷網」，終於上線了。我們非常開心，覺得任務完成，從此訂單會如雪片一般湧入，接著創投也會搶著投資我們。

但這些都沒發生，網站上線的第一週，業績基本上是掛蛋。

我們才發現把網站做好根本不夠，還必須讓人們知道這個
網站存在。於是開始想辦法四處推廣，到各大論壇留言、向相
關網站買廣告、參加電腦展，經過幾個月的努力，好不容易才
有些訂單進來。

　　名聲傳出去後，透過一些前輩介紹，也才認識了幾個創投。
他們深入研究，發現哈酷的商業模式根本沒機會獲利，電腦與
周邊的毛利率太低，扣除行銷費用、金物流成本後，邊際貢獻
是無可救藥的負數。

　　但我們從無到有蓋出可以營運網站的能力，他們相當欣賞，
一個電商網站向昇陽、甲骨文購買，至少要好幾千萬美金，我
們可以用幾百萬台幣成本做好整套哈酷，這中間有很大利潤空
間，未來每個企業都要上網，這絕對是個好生意。創投說只要
我們放棄 B2C 改做 B2B，他們就投資。

　　不久後納斯達克崩盤，電商巨擘亞馬遜的股價從106元跌
到8元，媒體紛紛宣告B2C的時代已經結束，B2B才是網路真
正的應用，印證了創投的想法。

　　20出頭的我們，於是聽從大家的意見，把哈酷轉型成碩網，專門幫企業建置基於網路的軟體。兩年後，碩網在我們的努力經營下，業績破億，並開始獲利，我們也慶幸自己選對了道路。

　　但再過幾年，PChome靠著在網路上賣電腦，變成了台灣的B2C電商龍頭，最後成功IPO。再過不久，亞馬遜也開始獲利，股價回到50元、10元，接著一路上漲到今天的1,500元。

　　另一方面，隨著開源軟體的遍地開花，企業網路軟體的價格年年下滑，利潤越來越薄，我們才發現我們錯了，B2C是網路的殺手應用，而電商是其中最重要的商業模式。

　　因此，當我看完家昇這本電商從0到1，我的第一個想法就是，好希望當年的我們能有這本書，就不會迷惘的去盲從創投、媒體的建議。既定的歷史無法改寫，但今天的你，不需要重複我們的錯誤。雖然電商已經很大，但線上佔零售其實僅是13%，換言之，還有6倍的成長空間。

　　在這個數位從0到100，全面接管零售行業的過程中，我認為，家昇這本電商從0到1，正是往前走，每個人都需要的指南。

船隻停留在港口是最安全的，
但那不是造船的目的。

自序
文 / 劉家昇

　　電商在台灣，已然成為創業顯學，起薪和經濟成長沒有同步增加，讓更多的年輕人希望開創自己的一番事業，而電商，通常就是第一個想到的創業項目。

　　但電商創業不是件容易的事，那些最初摸不到方向的人，可能必須要花上十數萬的昂貴學費，才能學到基礎的一技之長，對於想要進入電商領域的創業者，這是個不友善的入門門檻。

　　於是寫了這本書，期望用自己的熱忱影響更多與自己一樣熱血的創業革士，作為大家踏入電商的指南地圖，此書將一路從零開始，從觀念到實作和大家一同探討，希望我的這些淺見，能與讀者們一同激盪出新的想法與動力。

　　期許自己跟大家一起，帶著最初的熱誠，將船隻航向更遠的彼方！

創業不要「跟風」，先知道自己的熱情到底在哪

身邊想要創業的朋友似乎都有一個難點，就是：「想創業，但不懂怎麼寫程式，早知道當年就念理科」，或是「想創業，但不會寫App，不然先去上個課再說好了。」

這其實是一種桎梏，思考上的桎梏，如果要創業，好像就必須從互聯網、App切入。

很多人的思考順序都錯了。這個順序應該是：你想要創業，有什麼東西是可以輔助你的？有什麼工具，做什麼事，而不是因為你懂App，所以你要創業。

簡單來說，身為一個網路創業者應該先了解提供的到底是一個什麼樣的服務、產品，然後再去盤點你有的工具。而不是因為你有工具，所以想要創業，這個順序不對。

創業的重點、本質是解決問題，找到問題，解決他，科技只是工具而已；你可以不需要「會」科技，但我認為無論如何你都必須要「懂」科技。

假設你今天要做傳產，你不能就只想開實體店、去市場擺攤。要想「怎麼把你的東西搭上科技、跟上浪頭？」這是你要思考的，懂不懂運用這些工具，就是傳產跟創新的差別。台灣的傳產很強，眾所周知，可是很多傳產在這個時代不懂怎麼透過新科技去行銷自身，以為建個官網就是善用互聯網了。電商創業的重點除了產品本身，不外乎就是數據與消費者輪廓，這也是從傳統產業躍升成電商的關鍵，更是電商經營者最珍貴的兩項資產。

　　一個想要創業的人，不需要會所有的技術，但要知道什麼技術是你需要的？什麼樣的技術讓你可以透過整合發揮綜效，是這本書將告訴你的電商關鍵技巧。

　　電商創業不像科技產業大起大落，中了就是中了，沒有就倒了。傳產沒有不好，而且相對而言是更為扎實的創業，可以快速階級翻轉。當然電商創業絕對不是一蹴可幾的，但若你敢去嘗試，就算失敗了，在過程裡也可以得到非常多。創業並非天高地遠的事情，只要你有熱情、有想法，就都可以去嘗試看看。

熱誠才能讓公司續航

必須要知道，創業若不是自己全心投入，很有可能讓先前建立起來的資本付諸流水。當然，勇於創業的人不在少數，但是能維持的人並不多，據統計，台灣成立的公司90%在一年之內倒閉，再五年內剩餘的10%中也會有90%歇業。也就是說最後真的撐過五年的公司一百間裡面只有一間成功存活。這代表著台灣有夢想的人雖然不少，懷著熱情進場，隨著時間久了，問題開始浮現，資金燒完、人事鬧翻、成長停滯，排山倒海的麻煩讓我們頭痛。如此可能在錯誤的策略或是不對的思考方式下，讓公司逐漸陷入危機，原本的熱情燃燒殆盡，無心力挽回，最後黯然退場。

在創業的路上有熱誠才能產生意志力去衝過難關，途中問題一定不會少，所以捫心自問，現下創業是不是自己要走的路，如有遲疑不用擔心，好好地想清楚也不遲，畢竟創業不是短期補習班，牙一咬就能考出好成績、創業絕對是長期抗戰，一場靠意志力與熱忱撐起的戰役。

只要產業與自己切身相關的話，自己在困頓的時候後才有心力撐下去，大部分電商公司在三年後營收才會趨於穩定，在這三年內，有的是無數的困難跟問題，經濟的狀況也不會好。當初團圓堅果入駐中友百貨設立臨時櫃時，因為沒有錢請銷售人員，於是我親自站了整個檔期，一站就是一個月，每天十二個小時。後來才發現，雖然銷售業績是全中友百貨該檔期第三名，但是在不瞭解完整的成本結構下，住宿、交通、稅務以及百貨抽成扣一扣，竟然還賠了不少。有人問我這樣會沮喪嗎？當然會失落，但是轉念一想，第一次進入百貨通路就有這樣的成績已經很不錯了，是很棒的實戰經驗，更是身為學生創業者在學校修課也學不到的實務經驗。

　　這一路上支持我，讓我不動搖的力量就是那股熱忱。

　　剛開始創業時，不用急著把一堆商品丟到不同通路上，因為我們資本額小、沒有知名度、人力也吃緊。把精力分散，稀釋時間、資源、人力不是個好方法。小額電商的關鍵是在於抓住精準客群，主打少數幾件明星商品，快速接觸目標客群，贏得第一批忠實粉絲，才能站穩腳步邁向成功！

　　很多人覺得電商機會很大，入門門檻很低，這是事實沒錯，雖然進入門檻低，但是競爭者眾多，想要脫穎而出，就必須快速成長，其中你要思考經營策略以及如何快速佈局，從0到1的快速發展更顯得關鍵。在這裡想要跟大家分享的就是如何站在什麼樣的位置，跳脫單純的加減法獲利模式，把新的電商觀念帶給各位，這也是此書想要傳達給讀者最重要的觀念。

各界齊聲推薦

林之晨 | 創投家

"在這個數位從0到100，全面接管零售行業的過程中，我認為，家昇這本電商從0到1，正是往前走，每個人都需要的指南。"

AppWorks 合夥人
TiEA台灣網路暨電子商務產業發展協會 理事長

郭書齊 | 企業家

"加深消費者印象及回購率是經營電商最重要的課題，好的思維與策略更決定了電商發展的成敗，相信你能在這本書獲得啟發。"

生活市集 創辦人
創業家兄弟股份有限公司 董事長

唐琦 | 創投家

"我負責掌管全亞洲最優秀的學生創投基金，在家昇身上，我看見驚人的執行力及莫大的潛力。電商快速的成長，加速傳統產業的升級。如果你對數位產業有憧憬，這本書是你的首選。"

Rookie Fund執行總監
富比士 Forbes Under 30

劉煦怡 | 企業家

"電商品牌從0到1是條很長遠的路,本書所分享的實戰經驗對新品牌、老品牌來說,都十分受用!不只要從0前進到1,更要邁向100!"

亞洲最大品牌電商網路開店平台SHOPLINE共同創辦人暨營運長

張志祺 | 企業家

"透過資訊梳理與分析,你可以看到更多東西,因為訊息背後的脈絡,永遠比眼前的事件更深。這本書將會讓你懂得思考更多事情。"

圖文不符 創辦人

鄒昀倢 | 媒體人

"2018年電子商務趨勢邁向社群化導向,從購物體驗到品牌溝通都是電商經營者的佈局重點。本書具備許多電商實戰經驗,幫助各位在產業洪流中找到自己的品牌優勢。"

科技報橘TechOrange 主編

郭哲佑 ｜ 社企家

"鮮乳坊透過電商以及非典型通路，顛覆了大家對
鮮乳銷售通路的想像。其中，電商0到1的過程是
最不容易的。看完這本書後，相信此書能有效降
低學習門檻，更帶領你快速掌握電商心法。"

鮮乳坊 共同創辦人暨營運長

蘇晏良 ｜企業家

"千里之行始於足下，萬事起頭難，創業最難的
就是把想法轉化成行動。要如何以最精簡的資
源展開創業，相信你在家昇的這本書能找到答
案！"

Fandora 創辦人
毛孩市集 創辦人暨執行長

簡勤佑 ｜企業家

"成陪你君臨天下，敗陪你東山再起，年輕世代
必看的一本書！此書適用於任何一位想踏入數
位產業的有志之士。"

Dcard 創辦人

Ecommerce
Zero to One

關於電商

第壹章、關於電商

一、 電商經營心態

無論電商或實體，實際創業之前，必須先有幾點功課要做。

創業聽起來自由自在，不用聽人頤指氣使，所有決定自己做，但創業真的如此逍遙自在嗎？其實也未必，以下是創業前必須具備的心態，和要做好的功課，衝進戰場前，先靜下來想一想吧！

◎**創業兩階段，了解產業，才能知己知彼。**

若想創一番屬於自己的事業，最大的前提就是：「熟悉目標產業」。單是熟悉目標產業還不夠，因為極有可能只是自以為是的「熟悉」，和消費者要的根本不一樣。為了打破這層自以為是，創業必須先經歷以下兩個階段，走出舒適圈。

1.第一階段，創造產品

在電商產業中，當你想要知道顧客在想什麼時，就必須拿出產品獲得消費者回饋，在創業初期資源有限的狀況下，推出好產品的方法就是打造 **MVP（Minimum Viable Product，最小可行產品）**，一件能花費最小的成本和人力投入，就能實現你基本構想的產品。

MVP可以不完美，新上線的產品一定會有許多漏洞，但要
記得，目的就是確認目前在做的事情，是市場感興趣的，再讓
顧客去幫你找出現有產品需要加強的地方、再次驗證消費者的
痛點，網路創業初期好處就是沒有包袱，出錯可以快速更改，
贏得第一批使用者的信任。

　　儘早打造出MVP並開始上線能更早獲取回饋，避免投入過
多的心力在顧客不需要的產品或是服務上，能更快聚焦在受眾
重視、且關切的痛點上。

　　然而，「足夠的產品力」只是電商起初與他人競爭的最基
本條件，接下來要比較的是物流快不快速、體驗夠不夠直觀、
服務夠不夠貼心等更旁枝末節的細微差異。要時常警惕自己，
賣出去不只是產品，而是整體服務，漸進式地將每個方向都做
地完善、符合消費者的期待，建立一批忠實顧客。

2.第二階段，獲取會員用戶

有了最小可行產品後，接著就是進入市場，在有限的資源中，想盡辦法觸及目標客群，舉我自身經歷來說，團圓堅果在品牌成立之前，花了一整年的時間走訪各大烘焙場，了解烘焙堅果的技術、產值以及相關供應鏈等；同時，在這一年中，我們一方面投入成本創造MVP，另一方面透過在市場擺地攤實地銷售，直接面對第一線消費者，並於臉書社團以面交零售的方式賣堅果，開始嘗試透過網路社群取得消費者真實的回饋，扎扎實實地深入消費者的第一線市場，逐漸描繪出細緻的消費者輪廓。

在我看來，了解產業不能只是盲目追求當下流行，光聽別人口中的機會就不顧一切栽進去，必須要花時間下苦功，找到別人沒有看見的需求，才能找到專屬自身經營電商的切入點。

大家還記得2018年3月的「**衛生紙之亂**」嗎？生活市集創辦人、創業家兄弟董事長郭書齊表示，台灣實體與電商通路之間從來沒有發生大規模單一商品的強勢競爭，讓電商展現實力，而衛生紙之亂做到了。從二月底的消息釋出，到三月初大潤發的確認，衛生紙上漲 2 至 3 成的話題在網路上造成熱議，一路延燒到PTT，接著渲染至電視媒體，不到兩天，衛生紙的網路搜尋量暴增了百倍，在消費者恐慌的心理下，電商展現了安全、迅速、低價、方便的優勢，在各大量販店通路缺貨的情況下，成功擄獲市場，線上比實體的銷量達到了 7 比 3 的顯著落差。

這不僅僅是展現電商實力的事件，更成功地將大批不曾使用網路購物的顧客帶進電商的大門，逐漸改變消費者的購物習慣，造成零售交易模式的大規模轉移。以台灣目前的市場來說，前景是非常看好的！

此外，若從交易額的角度來看，今年全台整體零售交易額來到了九兆，電商卻僅占總體的1.25兆，相當於13%左右，很明顯，現今電商的規模，相較線下實體版圖是相對較小。但如果以另一個面向來看，台灣電商每年的成長比率約為 20%，也就是說從月營業額一、兩萬元的小生意，成長到十萬二十萬，甚至百萬千萬的銷售品牌，所需要的時間相對實體減少很多；創造品牌，或是達成品牌升級的成功機率也更高。

線下實體店面要達到這樣的成果是非常緩慢的，前期投入的成本也相對為高，費盡心思苦苦經營，成長幅度卻可能不到5%、10%。線上電商則因為觸及率廣、工具齊全，相對來說成長幅度是相當驚人的。根據全球領先的市場研究機構凱度消費者指數（Kantar Worldpanel），於2017年最新發布的數據報告『民生消費品電子商務的未來』指出，過去一年內，台灣透過電商銷售的民生消費品已成長高達30%。電子商務在全世界貢獻的民生消費品成長更是驚人的36%，且將持續超越線下零售表現。「至2025年，全球民生消費品的電商市場將上看1700億美元，達到 10% 的金額佔有率。」

實際舉例來說，對電商而言，客流量就是網頁的流量，試
著想像客流量的取得成本，在台北東區精華地段租一個最好、
最多人流的店面，需要多少成本？需要下多少功夫才能把客人
請進店裡？需要幾個優秀的服務人員、幾項優秀的產品，才能
說服消費者掏出錢包？

　　但在網路上，假設已擁有完善的消費流程及不錯的產品力，
促使顧客產生「消費行為」，所花的成本就相對低上許多。

　　小額電商在創業時，很容易把現有的資源快速耗盡，九成
以上的電商都不夠清楚自己的短處，不清楚顧客到底為什麼流
失、不知道自己在顧客心中的定位。常常挖東牆補西牆，沒把
資源花在刀口上，讓自己在混沌的情況下惡性循環，走向末路，
最後連怎樣失敗的不知道。

　　如今，**電商必須包含產品、物流、系統、服務等多方位的
面向**，徹底顛覆了傳統電商把東西賣出去就好的思維。現在的
電商已經不只是在網路上賣東西，而是要結合線下的物流搭配
行動商務，加上多媒體的廣告管道，以達到線上線下虛實整合
的最終目的。

　　所以在這邊建議大家，進入電商之前，必須深入了解產品的市場定位、目標客群的消費型態、以及自身資源的限制所在，花費最小的成本，找到屬於自己最切實可行的電商創業模式。無論現在或未來，**數據和消費者輪廓**（Target Audience Persona）是電商最珍貴的資產之一，學習巧妙地運用及分析數字，給予顧客真正想要和期待的服務，找到真正觸動消費者的致勝關鍵。

　　就像經營實體店一樣，不是只把產品擺上架，就會有人走進店裡購物。新踏入電商領域的創業者常常忽視這點，終至鎩羽而歸。

◎行動上網影響購物行為的轉變

　　現在行動上網發達，不同的族群會有不同的上網時間，上班族也許是中午吃飯時間，或下班後回到家的晚上八至九點；銀髮族可能是早晨七至八點；找到你粉絲專頁或是官方網站的尖峰來客時段，把最需要推廣的內容在那時候放送，以達到最佳的推廣效果。

　　相較於過去大型購物平台都是用桌上型主機做瀏覽、導購，人手一台的智慧型手機徹底改變了網路購物的型態，隨時隨地都能上網，網路購物的尖峰時間不再集中，因此，準確地掌握目標受眾的上網時間變得非常重要。

　　2017年，生活市集在捷運版面大撒廣告，這是因為他們發現忠實消費者的購物行為，高達八成是透過行動裝置轉換，且很大比例是在通勤時間發生。陳設在戶外大曝光度高的廣告看板，成本當然也很高，通常是大型品牌企業在投放使用，諸如：可口可樂、蘋果等，但生活市集緊緊抓住了他們的目標受眾，透過對於數據以及消費者輪廓的高掌握度，以達到提升轉換和品牌曝光的有效策略，同年營業額更因此成長百分之二十，可堪稱是電商界的經典成功案例。

二、成立電商需要多少成本

如同前一章節所提及，創立電商可分為兩個階段：**創造最小可行性產品及獲取會員用戶**，台灣目前電商市場中獲得一筆訂單的平均廣告成本是350塊，而平均客單價約為1000塊，以品牌剛起家的情況來估算，廣告行銷費大約在30%左右，一不小心，獲利就會被廣告成本吃掉。所以在電商的世界裡，網路和實體通路的定價策略是相當不同的，以下分成兩個部分討論電商的定價策略和成本概念。

1.顧客成本

開一家店，立於不敗的根本就是要有源源不絕的顧客，但我們往往會忽略取得一名顧客的成本。對於剛成立的電商品牌來說，是完全沒有知名度可言的。縱使產品再強，網路社群也很少會主動協助推廣，因此廣告對電商而言自然不可或缺。

把產品做好只是最基本的第一步。創業之初，顧客都還不認識你，為了快速打開市場知名度和累積會員，勢必得投入一筆不小的廣告預算作為行銷宣傳費，把消費者帶入網站進而購買。在這過程中，所花費的廣告費就是取得顧客的成本。網路店家每月大多通常會投入營業總額 30% 的廣告成本持續開拓客源、提升營業額。

若遇到新品上市、旺季促銷、提高市場佔有率，將廣告預算增加至 30%～50% 的也大有人在。在成立初期，我強烈建議盡可能將營業利潤投資在獲取忠實顧客上，在口袋不夠深的狀況下，先找出忠實顧客、牢牢抓住，無疑是投資報酬率最高的作法。

假設商品有足夠的口碑，顧客或許會幫忙宣傳，但這可遇不可求，一個顧客買單支持，並不代表身邊的朋友一樣會買單支持。顧客猶豫的時間會比你想的還要久，所以不能單純認為只要把產品做好，就會有源源不絕的訂單，如何借力使力，把完美的產品擺到具有需求的消費者面前，就是一名電商創業者最重要的入門功課。

再來，台灣的消費者，對於品牌的忠誠度是相對低的。如果沒有發展商品的特色，很容易被相同類型的商品搶走目光。就算總能找到新的顧客來源，**回購率（Retention）**不足的話依然會非常辛苦。回購率就代表著品牌的終身價值，也就是我們所說的**顧客終身價值 LTV（LifeTime Value）**，我們將會在第五章為各位做詳細的探討與計算。

2.財務模型

既然提到電商的成本結構跟一般實體大不同，我們就該來好好分析，一探電商的成本結構究竟為何。很多人認為經營電商單純只是在網路上把東西賣出去即可，事實上，不只是產品的生產成本、廣告成本加上人事成本，還有許多網站架設、稅務、金流和物流上的成本要去考量及規劃。

　　你必須知道，電商有相當多的隱形成本，我最初在市場擺攤時，毛利也許抓個 30% 就能應付，但進入電商的初期可能要抓至少 50% 以上，產品價格不能亂訂，否則很容易面臨看似賺錢，卻被廣告及人事成本吃光獲利的窘境。在電商創業初期確定自己的財務模型是必須的，把成本結構攤開，細項了解能夠調整的部分在哪。

　　不少我認識的創業朋友都會對成本結構與財務模型沒有概念。有一部分是覺得，只要把產品做好，公司自然會賺錢；另一部分覺得這是很專業的事情，自己一定做不來。但既然要創業，不好好了解成本、財務這方面的事必然會招致滅亡。財務不是一件難事，我也是一步一步慢慢了解，建立自己的財務模型，一路帶著公司活到了今天。唯有掌握產品的商業模式，知道如何創造盈餘，事業才有可能更進一步發展。

財務項目	定義		基本假設	
營業收入R (Revenue)	產品售價X銷售量	SQ	產品售價	S
產品售價	S		銷售數量	Q
銷售數量	Q		進貨數量	Q
營業成本C (Cost)	產品成本X進貨數量	200Q	產品成本	200
產品成本	200			
			人事費用 / 月	30,000
進貨數量	Q		廣告費用	營業額30%
營業毛利M (Margin)	R營業收入 - C營業成本	SQ-200Q	物流補貼比率	營業額1%
營業收入	SQ		金流費用	2%
營業成本	200Q			
營業費用E (Expense)	總費用	$30000+\frac{1}{3}SQ$		
人事費用	員工薪水	30000		
廣告費用	付費流量廣告費	30%R=30%SQ		
物流費用	免運運費補貼	1%R=1%SQ		
金流費用	刷卡手續費2%	2%R=2%SQ		
其他費用	開電平台月租費			

營業淨利N (Net Margin)	M營業毛利 - E營業費用	$S=(45000/Q)+300$
不虧損 >= 0	0=M營業毛利 - E營業費用	$SQ-200Q - (30000+\frac{1}{3}SQ)$

● 財務管理報表範例

以下是你在經營電商最需要知道的幾項財務數據公式：

Ⓝ 營業淨利(Net Margin) = M 營業毛利 - E 營業費用

Ⓔ 營業費用(Expense) = 人事、廣告、物流、金流、其他

Ⓜ 營業毛利(Margin) = R 營業收入 - C 營業成本

Ⓒ 營業成本(Cost) = 產品成本 X 進貨數量

Ⓡ 營業收入(Revenue) = 產品售價 X 銷售量

試算：

今天你經營一家服飾品牌電商，卻不知訂價該從何下手，你可以從上面的公式慢慢回推。

R 營業收入 (Revenue) = S X Q 數量 (Quantity) = SQ

○ 營業收入：
衣服一件 售價 S 塊

C 營業成本 (Cost) = 200 X Q 數量 (Quantity) = 200Q

○ 營業成本：
衣服一件 成本 200塊

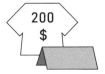

M 營業毛利 (Margin) = R 營業收入 - C 營業成本 = SQ-200Q

○ 營業毛利：

○ 營業費用：
一個月給自己的薪水為3萬
廣告占營業收入的30%，金流2%
物流平均每5筆訂單會補貼一位客人
約為1%

E 營業費用 (Expense) = 30000 + 30%R + 2%R + 1%R

$= 30000 + \frac{1}{3}R = 30000 + \frac{1}{3}SQ$

○ 營業淨利：
假設初期目標為不虧損
營業淨利至少大於等於0

N 營業淨利 (Net Margin) = 0 = M 營業毛利 (Margin) - E營業費用 (Expense)

$0 = SQ-200Q - (30000 + \frac{1}{3}SQ)$

$0 = \frac{2}{3}SQ-200Q - 30000$

$S=(45000/Q)+300$

也就是說，衣服每件的訂價策略為：假設每天平均有5筆訂單，一筆訂單大約3件衣服，一個月會賣出450件衣服，那麼代表，一件衣服的定價為400塊才能至少打平。

換句話說，$Q=45000/(S-300)$

我們也可以假設，當定價訂350塊時，至少一個月要賣出900件衣服。

透過數字來說話，利用幾個基本假設就能說明你的商業模式，例如需要有多少訂單才能在幾%的毛利下讓公司有盈餘、需要提高行銷成本做宣傳的話，原本的訂價需要提高多少才能收支平衡等等。從營收、成本、淨利層面來思考它們各自的關係，找到一個屬於自己事業的平衡。

創業者通常不是全能的高手，很容易只專注在自己熟悉的地方，可以看見單一環節的成長，卻忽略大方向的變化，例如，會員數、客單價、各項成本。如果沒有全部歸納好，讓人一目了然，就容易有盲點。

在慢慢調整的過程中，優秀的成本結構、財務模型能夠讓公司的方向明確，訂出有效率的計畫，品牌成長後有了聲量，屆時就能降低廣告成本把資源投在新的挑戰上，就像Lativ雖然也是電商起家，但現在它廣告成本卻只有5%左右，所以30%廣告成本是可以慢慢優化降低的，這也是後面章節會討論的技巧之一。

三、走向大眾還是面對小眾？

你覺得你的商品、服務適合所有人嗎？想衝高營業額就必須要賺到所有人的錢？甚至認為理論上成立電商後，所有會用網路的人都不受時間空間限制，就能找到你？但是成立電商後，真的所有用網路的人都會成為你的顧客嗎？

營業額大的店家通常會有較高的曝光度，大眾普遍認為營業額越大越能夠賺錢，甚至有了「我的產品只要夠好，放在網路上就可以賣給所有人」的錯誤理解，目標客群是所有網路用戶的錯誤觀念。

首先，產品或是品牌的目標客群是「絕對不可能」等於所有受眾。再者，許多高營業額企業為了取得市場初期的高市佔率，犧牲淨利搶攻市場，大打資源戰，想盡辦法觸及許多高取得成本的「非目標客群」，才會讓人以為電商人人皆是目標客群的謬思。

◎大眾市場的微利時代

近年來電子商務營業額最高的是服飾產業，這也代表著市場競爭者眾多，面對這樣的環境最常見的手法就是打「價格戰」。有想要脫離這種血海戰爭的業者主打中高價位，但現實是服飾類的品質差距越來越小，大部分的顧客都沒有辦法分辨品質的好與壞，都是直覺的看到價格被吸引。所以大眾市場代表的是大商機，商機越大就越有競爭對手，最後卻面臨不得不減少利潤，跟大家打資源戰。

流量夠精準，再小也不會賠錢，打造利基市場（Niche Market）！

雖然流量大小會與金流多寡成正相關，但是精準的流量能夠帶來確實的轉換，也就是說：流量小，不代表賺不到錢。同樣的流量會有不同的訂單轉換，其中影響的因素很多，但是第一步就是要把精確的**目標客群TA（Target Audience）**導入你的網站，把自己的產品做好，給顧客高品質的服務，如此一來才會有回購率。誰說流量小賺不到錢？好好經營老顧客的回購才是穩定訂單的解決之道。

◎深根小眾市場，捕獲忠實粉絲！

小眾市場真的會賺不到錢？ 在回答這個問題前我們先想，在這個大者恆大的時代中，少數的大品牌已經把大眾市場蠶食鯨吞。

網路電商大老，擁有比你更多的資金、更多的資源，也更有本錢提供各式優惠的價格、各式新奇的產品，大品牌早就搶進大眾市場佔地為王。做為剛開始成立的電商品牌，就可以先排除跟進大眾市場打得頭破血流的可能性。

真正能獲利的電商，幾乎是以小眾市場闖出一片天。舉Unicorn獨角獸為例，一個專賣男士保養品的電商品牌，他們鎖定了同志市場，藉著精準的消費者輪廓及高品質的服務，讓這群小眾有很高的回購率。並且，專心致志發展明星商品，不讓自己的產品趨於一般化，使得這群小眾成為你品牌的死忠粉絲，不僅替你的品牌背書，還成為意見領袖行銷口碑，成為小資本電商的學習範例。

這也是為什麼我們要告訴大家小眾市場的可能性，創造出壟斷型的商品，與市場做出區隔，才有辦法提高利潤，畢竟消費者無從比較，相信你的產品就是他唯一也是最好的選擇。

◎八二法則，花最少力氣，得到最大效果！

在商業有一個法則叫「八二法則」（又名：帕累托法則 *Pareto Principle*），就是指一間公司 80% 的營業額是靠 20% 的明星商品或是重要客戶做支撐。剩下則是靠其他小眾或是冷門的商品作爲 20% 的營收來源。

上面所述的八二法則通常運用在大型、會員數較多、產品數龐大的平台，不僅提供主打商品也服務少數的客人，如同撒網捕魚方式。但小而精實的電商，有另外的思考路徑。我們不需要爲了滿足所有顧客，汲汲營營得把產品擴張到自己無法收拾的地步，小電商要做的不是滿足一切，我們要做的是打造「勝者全拿」的小眾電商。

簡單來說，就是要在開發不完全的少數市場上佔地為王。透過精準的受眾切割，精確定義自己的顧客需要什麼樣的產品，集中火力開發、優化以及行銷主力產品，讓這一群小眾市場的消費者，全被你的產品收買。用良好的產品跟顧客建立信任，以達到長久經營的商業模式。如同獨角獸Unicorn專供同志類男性保養品、鮮乳坊主打在地台灣小農乳品，用一兩項明星級的主力商品，把流量和營業額導入網站，作為擴張的重要資本。細分小眾的市場，讓你找到別人跨不過的門檻，佔地為王，攻下第一塊領地做為往後發展的資本。

以Unicorn獨角獸為例，推出具有話題性的「屁屁面膜」，成功引起話題，把這項產品當作網站的導入器，吸引消費者，將他們導入自家官網。也許最終顧客沒有購買「屁屁面膜」，但如果商品力夠強、TA夠精準，消費者就有很大的機率被你站上的其他商品吸引，進而達成轉換。

「勝者全拿」的思考方式就是用最有限的資金成本，去打造一項讓顧客滿意度破表的超級商品，如魚叉般精準射向你的TA，集中火力把資源用在刀口上，避免瞎忙，才有辦法在群雄亂舞的時代下真的「勝者全拿」。

四、了解五種電商模式，找到自己的路

在了解瞄準小眾市場的趨勢後，我們來看看在不同商業模式的電商中，哪種模式最適合現在正要創業的你。

只要是在網路上進行銷售，都算是電子商務的範疇。但是依照金流、資本、服務對象等等，主要分成五種類型。彼此都有優點以及缺點，有適合大資本的獲利方法，當然也有適合小資本的商業模式，好好了解自身的長處與短處，找到自己最適合的商業模式，才能省去最多的成本達到最高的獲利。以下會針對不同類型的電子商務討論其優勢與缺點，讓你快速瞭解你所適合的電商模式。

❽ 類型一　C2C拍賣平台

　　C2C拍賣平台最直接的例子就是在露天拍賣或是蝦皮上面當個小賣家，在拍賣平台上放上自己的商品，供所有人瀏覽，沒有任何限制，只要你想要賣東西就可以把東西丟到平台上進行交易，對於賣家而言幾乎沒有開店成本，所以只是單純想把東西賣出去的話，C2C是不錯的方法。像是代購或是賣二手的小賣家都很適合，靠著平台本身的現有流量，觸及到潛在消費者。優點是沒有票期，需要「直接金流」的話可以快速變現。

　　但是對於買家而言，開放式的拍賣平台提供了相當好的比較場域，可以隨意瀏覽相關的商品，並且在眾多商品之中挑選自己最喜歡的，不會受到店家的限制、選擇較多樣化，甚至多到無從下手，但也是因為沒有良好的管理程序，假貨或是瑕疵品出現的機率也高。對於想要長期經營品牌或是透過廣告流量導入賣場的商家而言，是非常不推薦且不適合的。

　　因為早期取得穩定的供貨比較不容易，成功的拍賣平台店家靠的是精準的商業眼光以及穩定的出貨，取得消費者的信任，逐漸發展成個人的品牌。但是現在低價劣質品獲取容易，從大陸電商平台上就可以獲得大量且低廉的貨源，再來台灣的拍賣平台上賺取差額。造成C2C拍賣平台上良莠不齊的現象讓人不安。在開放的拍賣平台上，如果無法在上千萬件的商品之中脫穎而出，業者只好用更便宜的價格吸引消費者，利潤逐漸下滑，在如此惡性循環下很多C2C的賣家因此失去競爭力。

类型二　B2C網路購物平台

B2C購物平台的模式就像家樂福、全聯等量販店一樣，開放讓其他商品進入他的平台，並協調拆分模式，進駐賣家通常會付20%到40%左右的成交費用。

B2C網路購物平台可以解決C2C在金流跟物流上交易的不便，業者更紛紛主打24小時內到貨，大大縮短了電商購物的等待時間，提供中大型企業一條龍式的網購服務。台灣最有名的平台有PChome、奇摩購物中心、momo富邦購物網等。

B2C與C2C網拍最大的不同之處在於，C2C網拍的速度無法像 B2C 網購業者一樣，達到二十四小時內快速到貨，通常得標後都得再等上七天甚至更久的時間。此外，C2C消費體驗流程冗長，等於拉遠了拍賣平台與顧客的距離。此外，B2C亦摒除 C2C拍賣平台上，買家與個人賣家發生交易風險、信任不足的問題。

當平台上的商品越來越多，消費者自然而然會去比較不同的平台上的相同商品，看看哪個較便宜又有折扣、免運等等。如此一來B2C業者就會面臨流量被分散的風險，勢必得加強其他方面的服務。像是增加商品數，讓消費者在上面找到五花八門的商品，進而建立品牌支持度；或是加快物流速度，打造早上訂下午領貨的超高速物流，最後是最常見的價格戰，定期或不定期舉辦各式各樣的優惠，假日折扣、特定商品免運費等，直接吸引消費。

PChome早在多年前遇見物流戰爭，投資五億打造全亞洲最大的倉儲系統，這也是為什麼PChome到現在還能跟蝦皮商城、momo購物網繼續作戰的原因。

在這裡不建議品牌初期隨意進駐，因為大型平台常常會有促銷活動，品牌得被迫配合降低利潤，貶低自身商品的價值。但是如果是想短期獲利又擁有強力的商品的話，大型的B2C平台會是你的好工具。

❽ 類型三 垂直型B2C電商

跟B2C綜合型購物平台不一樣，垂直型的B2C商業模式是指專攻某些特定的商品，在台灣知名的垂直電商有老字號的博客來、專做寵物用品的毛孩市集、專賣麥片的早餐吃麥片等等。垂直型電商主要服務特定的客群，透過專一的商品方向，提供消費者同屬性產品，通常成功的垂直型電商，這樣消費者黏著度很高，靠著穩定的回購獲利。

但垂直型電商所要面臨的問題在於，B2C綜合電商大平台上，更多更便宜的同類型商品，促銷優惠樣樣來。垂直型電商在相對沒有龐大的資金以及資源下，必須找出本身商品的特色，否則很快就失去競爭力。又或者像博客來一樣，轉型成綜合型的電商，提供目標客群同質性的服務。不然對供應商而言，流量大且知名度更高的B2C平台更吸引人；對消費者來說，B2C的商品更加豐富便宜，若沒做出市場區隔鎖定精準客群，顧客一定會被大型綜合B2C平台吃光。

❽ 類型四　單一品牌B2C電商

　　單一品牌B2C電商就是指品牌自己建立一個獨立的官網。最經典的案例就是在2007年張偉強先生所創辦的服飾品牌Lativ。Lativ是台灣第一個網路原生服飾品牌，短短成立四年成功獲利，營業額突破十五億，帶起了台灣網路獨立官網的一股風潮，其中就以服飾業居多。

　　獨立官網的電商品牌所耗費的金錢人力資源本來就比較大，但是因為自主管理的關係，彈性也大很多。如果打通知名度的話流量也會自己進來，投資在招攬顧客的廣告費上就能相對減少。直至今日，2018年營收破百億的Lativ，靠著 94% 高回購率，讓原本開銷最大的廣告成本，最後廣告成本只占總營收的5%不到。

　　對於想要把電商進階成品牌的業者來說，自建官網的單一B2C 電商平台是需要長期發展的目標，因為他們自己調整網頁排版、購物流程也能自己制定，能夠全方位的管控制自己的網路商店，省去被抽成、強迫配合行銷活動等降低毛利的窘境。

假設自己沒有能力或是沒有預算去架設網站，現在線上也有一些付費的架站服務公司。提供不同的需求功能以及操作的彈性空間，像是 SHOPLINE 網路開店平台就有著非常方便的管理後台、金物流串接、CRM(Customer Relation Management)會員管理系統、自動化廣告管理等功能，適合不懂得程式語言的電商新手使用。

8 類型五　B2B2C電商

B2B2C 電商模式就像是百貨公司，招募中小型的電商加入平台，再面對消費者。跟百貨公司一樣，這類平台有開店費也有訂單成交會酌收額外的手續費。不像B2C的中大型企業擁有完整的供貨鏈與品牌知名度，進入B2B2C電商的商家通常是中小型店家，這時B2B2C就會提供相關的配套服務，像是開店的基本設置，以及金流物流的串接等等。

開店平台的工作就是把人潮帶進平台裡，用龐大的流量吸引新的中小型電商加入。他們不需要倉儲，不用出貨也沒有物流。但是常見的問題是，因為不像B2C需要把貨集中在統一的倉儲，他只提供線上的平台以及金流服務，有時候會顯示出現庫存與店家實際庫存不一致、還有客服無法直接處理商品訂單的問題，肇因於大平台的整合客服並不了解商品本身的問題，只能把消費者的需求轉告給入駐的店家，沒有辦法做最直接的處理。

除此之外，B2B2C所面臨的窘境如同上述類型二的B2C平
台一般，當平台上的商品眾多，消費者自然就會去比較平台上 ——
的相同商品，在產品力差異不大的情況下，以價格導向決定購 045
買。最終還是陷入優惠促銷的惡性循環。

不過，舉凡皆有例外。以團圓堅果的合作夥伴「愛料理」
來說，愛料理致力於深耕忠實的精質用戶，提供消費者愛料理
最推薦的品牌和產品，也因此顧客在平台中完全找不到第二個
品項性質相同的品牌，屏除了消費者在平台上以價格為優先條
件去挑選相同種類的商品，面臨削價競爭的死胡同。舉例而言，
在愛料理的平台中鮮乳品項消費者只會搜尋到「鮮乳坊」；堅
果品項則是只會搜尋到「團圓堅果」，這些出現在愛料理平台
中的產品，皆是愛料理精挑細選後提供給會員的唯一選擇。當
合作到達一定的信任基礎下，品牌以及平台甚至還能推出獨家
聯名產品，吸引更多消費者前來購買，愛料理和團圓堅果的獨
家聯名款就是其中最好的案例。

	C2C拍賣平台	B2C網路購物平台	垂直型B2C電商	單一品牌B2C電商	B2B2C電商
類型	小型個人賣家	線上綜合型購物中心	主題商城	品牌自有官網	網路選物市集
優點	無票期金流直接	無須處理金物流、平台自有流量大	無須處理金物流聚集效應顧客專一且精質	不需分潤不用面臨價格競爭金流直接	無須處理金流平台自有流量大顧客專一
缺點	同類型品項眾多價格競爭	有票期分潤抽成高價格競爭	有票期分潤抽成高價格競爭	需自架網站金物流串接經營時間長	有票期需處理物流分潤抽成高價格競爭
案例	蝦皮PChome個人賣家露天拍賣	PChome購物中心Yahoo!奇摩購物中心	Fandora毛孩市集早餐吃麥片	團圓堅果鮮乳坊Unicorn獨角獸	愛料理生活市集

● 五大電商模式比較

所以，先想想自己的優勢是什麼

　　以上就是電商的5種商業模式，必須思考清楚自己的所在優勢為何，多少資源做多少事。

　　如果你還沒有頭緒，可以參考以下四種案例，選擇自己最擅長、最具優勢的種類作為切入點！

　　案例一、 如果只是想要在網路上賣少量的東西，也沒有相關的電商經驗或是資本。建議可以從 C2C 拍賣開始著手。

合適類型：國外代購回台的服飾、包包，文具店、不需要用到的二手用品。

1

　　案例二、如果產品相當不錯，具備強而有力的產品性質，亦或是擁有無可抗衡的價格優勢，唯獨對於網路行銷沒有經驗， 那麼可以考慮加入 B2C、B2B2C 平台，慢慢摸索網路行銷的訣竅。在此，我特別推薦生活市集，生活市集不但擁有非常大的自有流量，在客服、後台等系統皆非常完整，團圓堅果品牌成立前就是在生活市集中取得許多忠實消費者。

合適類型：單一漁農作物業者、掌握單條生產線、在地百年老店。

2

　　案例三、如果商品又多又好，對於網路行銷、流量控制也有一些心得，那麼就能夠挑戰經營 B2C 的垂直電商或是加入 B2C 的購物平台，透過大平台的流量，衝高品牌的知名度。

合適類型：多樣漁農作物業者、掌握多條生產線、掌握上游廠商業者。

3

案例四、如果商品識別度高，能夠跟市場其他商品競爭，再加上懂得網路行銷手法，又想要自行經營品牌，那麼就能試試單一 B2C 的自建官網。不僅能夠避免被抽取分潤費用，更可以實實在在的培養一票基層粉絲。

合適類型：品牌主、品牌官網。

由於絕大多數的電商入門新手，多半不熟悉程式語言，更不用說是從無到有架設好一個完整的品牌官網，因此付費的網路開店平台是許多人的首選，包括團圓堅果經營初期，就是用網路開店平台進行管理。建議大家可以多方比較，從價格費用、會員管理、使用者介面等面向，選擇市面上最適合你的開店平台。

🔧 **小技巧：**
此外如果對自己產品相當有信心，產品力夠強夠吸引消費者，也許你能試試最直觀的一頁式導購的方式。把顧客導向能夠直接購買的頁面像是一頁式銷售頁面(Landing Page)或是Google表單等交易頁面，透過強大的產品力直接讓顧客心動下單。

Ecommerce
Zero to One

行銷與受眾

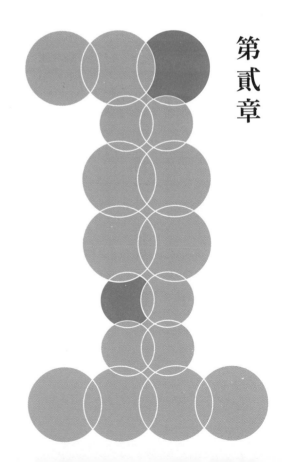

第貳章

第貳章、行銷與受眾

「數據和消費者輪廓（Target Audience Persona）是電商最珍貴的資產之一」電商之所以能夠生存，就是因為我們能把對的東西賣給對的人，電商一直在努力的就是與消費者溝通，想辦法摸清楚消費者的輪廓，因為只要知道目標客群ＴＡ（Target Audience）的消費者輪廓（TA Persona），就能夠知道這群目標族群想要什麼，自然就能給他們需要的東西。

而要怎樣去了解你的ＴＡ？靠的就是電商的另一項武器「數據」。以往行銷費就像把錢投到許願池，只能期待有天會帶來效益，不知何時候能回收，甚至把行銷當作開銷，而不是投資。但現在有很多工具能夠協助檢測、統計，讓這些數字不再難以理解，也因此優化各項數據變得直觀、可行。了解數據所帶來的成長效益已然是所有網路事業必須學的功課！

而在第二章我們就會由了解ＴＡ、找到ＴＡ開始，淺談行銷策略，一直到如何了解數據，優化電商購買流程，提高轉換，就是本章重點。

一、行銷普遍迷思

相信大家身邊不乏有一群常參加行銷課程的朋友，聊著聊著都會發現，普遍講師對於行銷的定義幾乎都是：「把核心理念用設計的方式，妥善傳達給消費者」。這也許是個司空見慣的標準答案，但是對我來說有另外的理解。

我認為真正的行銷是回歸到傳統的行銷4P：「產品（Product）、價格（Price）、通路（Place）、促銷（Promotion）」 其中最重要的，就是**產品力（Product）**，在電商零到一的過程中，你必須找到一個好的產品，產品力非常強，然後把 70% 的心力放在這個產品上面，想辦法達到「產品與市場相契合Product Market Fit」，描繪出屬於品牌的產品週期，讓產品符合市場，一但達成這件事情，剩下的 30% 才是大家口中所說的「行銷」，把產品推廣出去，運用廣告、運用設計，來接觸消費者。

AppWorks創辦人林之晨說過：「成功的行銷並不是說有多好的廣告，很多人把行銷跟廣告畫上等號，但那是不一樣的事情。達到**Product Market Fit**才是真正行銷的奧義」這也是很多人經營電商會失敗的原因。

　　沒有用心在產品以及服務上，卻花大把的資金砸在廣告上，自以為這樣是行銷的時候，無法長遠經營。只要產品力不足，顧客馬上就會發現不是真材實料，所以真正要做的是著重在產品本身，才能省更多成本、力氣。正所謂好的產品會**「放著就賣出去了Sell Itself」**不是說說而已。

　　當自己不懂廣告，認為行銷就是廣告時，就捧著上萬塊的代操費給廣告代操公司。好像找廣告代理商就能把東西賣出去，但是這樣的邏輯是錯的。回到創業的本質，就是要為用戶解決問題，所以你一定要夠了解產業、了解生產線、以及最重要的消費者的輪廓，也就是電商圈所謂的**「消費者輪廓TA Persona」**。

　　第一章提過，團圓堅果進軍電商前整整花了一年的時間去了解產銷，我們踏進市場最前線，服務過數千名顧客，聽取顧客的回饋和第一手資料。所以我們知道台灣每年堅果銷售額破百億，營收市場每年以雙位數百分比在成長。

　　在這之後，我們去思考大家為什麼願意花這麼多錢買堅果，堅果市場的缺口和問題在哪裡，該如何切入。是因為健康？食安？消費升級？了解這些東西之後才研發出能完整保留堅果營養價值的烘焙技術，進而進軍電商戰場。

行銷就是要找到「Product Market Fit」，剩下的才是用不同管道跟消費者溝通，無論是用廣告、用數據去知道他們的行為、讓他們認識你。一個成功的品牌都會對精準忠實的消費者進行深耕，去精進TA感興趣的產品，產品介紹消費者，讓消費者買單。

只要有高機率成為顧客的潛在消費者，都是我們要找的TA。找到TA是件需要細心下苦工的功夫，必須夠了解自己的產品、花心思摸索顧客、花精力優化產品。這也是為什麼成功的電商如鮮乳坊、早餐吃麥片、獨角獸、Fandora，他們每個月都一定會電訪消費者的原因。

在踏入電商產業之前，如果沒有任何的一線銷售經驗，想要測試誰才是正確的目標受眾，不妨試試臉書投放小額廣告，或透過電訪與電子表單，蒐集這些忠實顧客的意見，進一步了解TA的需求，將產品調整成最適合他們的樣子，才是行銷的根本之道。有些盲點就會出現在這裡，認為產品力不用強，只要花廣告費，砸下去就能把產品賣掉，這絕對不是長久的經營法。

二、關於目標受眾Target Audience

團圓堅果的起點，是從菜市場開始的，以下我稱之為：『**菜市場顯學**』。

很多人問我，在菜市場擺攤到底學到了什麼？如何從一個攤販轉戰網路電商，造就營收破千萬的電商品牌？答案很簡單，「清楚掌握消費者輪廓並帶往線上」，這就是經營電商的不二法則，如此簡單的道理，菜攤老闆卻用的淋漓盡致。其中最關鍵的兩件事情就是：

第一、每一群會購買堅果的人都有著非常不同的理由和原因。
第二、這些理由和原因會促使他們購買非常不同的組合和品項。

相信各位都有一個共同經驗，週日上午，走到一攤普通的水果攤，還沒開口，老闆就馬上拿起紅白塑膠袋，把你大概心中想買的東西都裝起來了，並且喊出了你可以接受的價格。

當時我在菜市場賣堅果，隔壁攤賣水果的老闆精準地掌握
每一群顧客的消費者輪廓，如果眼前的客人是一位年輕上班族，
他就會馬上裝兩顆芭樂；如果是年邁的老奶奶，他就會裝一家
五口一星期的水果份量，並針對不同的客群，制定不同的價格
和組合，有時稍微給些折扣提高購買意願，長期經營回頭客。
正因為老闆深知，雖然上班族和老奶奶同樣都是早上會來購買
水果的顧客，**但是每一群會購買水果的人都有著非常不同的理
由和原因，有著不同的消費者輪廓（TA Persona）。**上班族購
買水果的理由和長輩購買的理由截然不同，前者是為了購買上
班一日所需的水果份量，後者則是為了全家的健康，會固定買
水果回家。

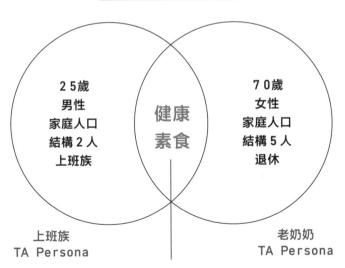

會早上購買水果的顧客

25歲
男性
家庭人口
結構2人
上班族

健康
素食

70歲
女性
家庭人口
結構5人
退休

上班族
TA Persona

老奶奶
TA Persona

導致會早上購買水果的原因

行銷與受眾
關於目標受眾Target Audience

此外，**不同的理由和原因，會促使他們購買非常不同的組合和品項**，水果攤老闆在服務過數萬名顧客後，發現只要是年紀較輕的上班族，都有著同樣的購買水果理由，數量少、不在意價格；年紀較為年長的長輩，普遍都是為了買回家給孫子吃，且一次購買的數量多、在意價格。深刻掌握各族群的消費者輪廓、喜愛的產品組合，而後投其所好，提高購買意願。這就是為什麼水果攤老闆能在你還沒開口前，就把可能會買的商品組合直接拿到你的面前。

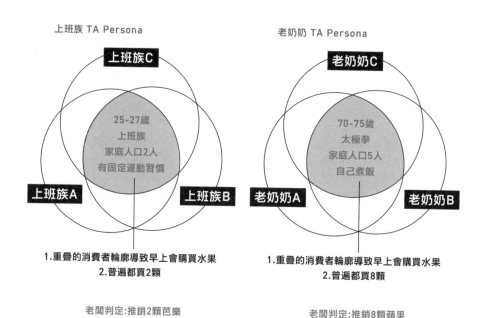

上班族 TA Persona

上班族C

25-27歲
上班族
家庭人口2人
有固定運動習慣

上班族A　　　上班族B

1.重疊的消費者輪廓導致早上會購買水果
2.普遍都買2顆

老闆判定:推銷2顆芭樂

老奶奶 TA Persona

老奶奶C

70-75歲
太極拳
家庭人口5人
自己煮飯

老奶奶A　　　老奶奶B

1.重疊的消費者輪廓導致早上會購買水果
2.普遍都買8顆

老闆判定:推銷8顆蘋果

　　講到這邊，是不是和電商的**產品組合（Product Bundle）**的概念一模一樣呢？看似簡單，連菜市場小攤販都知道的道理，卻是許多電商業主忽略的重要細節，還以為把同樣的產品，丟給所有的受眾，靠單一廣告就能不斷轉單。也因此，把顧客想要的產品組合推給對的受眾，仔細描摹出消費者輪廓（TA Persona）、善用組合銷售，是你經營電商提高轉換率的致勝關鍵。

　　然而，經營電商的你，除了擁有顧客的**消費者輪廓（TA Persona）**，**訂單數據更是你第二個無價的珍寶。**

　　團圓堅果每兩個禮拜一定都會將訂單攤開來整理，假設仔細研究這些數字，不難發現，**客單價ASP（Average Selling Price）**都會集中在幾個特定的數值，有趣的是，這些特定數值的客單價都會對應到相似的產品組合，例如：客單價4200塊的訂單，八成以上的正相關都是購買大罐綜合堅果6瓶；客單價680塊的訂單，有六成以上的正相關會購買至少一盒綜合堅果塔。

全名	Email	電話號碼	訂單金額	購買品項	會員
顧客 A1	A1@gmail.com	0912345678	NT$4,200	大綜合*6　大核桃*4　大杏仁*1	V
顧客 A2	A2@gmail.com	0912345679	NT$680	大夏威夷豆*1　堅果塔*1	V
顧客 A3	A3@gmail.com	0912345670	NT$4,200	大綜合*8　大核桃*2　大杏仁*1	V
顧客 A4	A4@gmail.com	0912345671	NT$600	堅果塔*2	X
顧客 A5	A5@gmail.com	0912345672	NT$380	大綜合*1	X
顧客 A6	A6@gmail.com	0912345673	NT$2,260	大夏威夷豆*4	X
顧客 A7	A7@gmail.com	0912345674	NT$1,340	大綜合*3	V
顧客 A8	A8@gmail.com	0912345675	NT$1,240	大核桃*3	V
顧客 A9	A9@gmail.com	0912345676	NT$1,800	大核桃*6	V
-	-	-	-	-	-
-	-	-	-	-	-
-	-	-	-	-	-

分析訂單，整理受眾會購買的品項與相對應的客單價ASP
（Average Selling Price）

　　如果我們把上述資訊圖像化，將這些訂單資料分群分類，你就會得到下面這一張迴歸樹（Regression Tree）圖表。

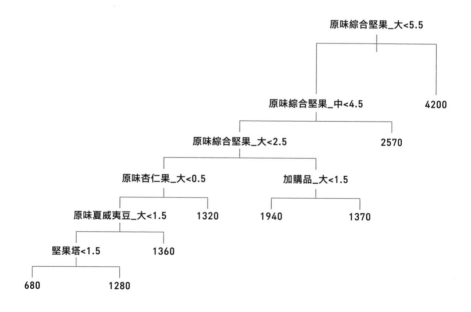

讓我更進一步的解釋，當客單價ASP（Average Selling Price）為4200塊左右時，消費者高達八成會購買超過6瓶以上的大罐綜合堅果，根據菜市場的銷售原理，當產品組合相當時，我們可以推估這群消費者擁有非常高的可能性擁有著相似的消費者輪廓，諸如：家庭人口結構為五人、年齡相仿、有登山興趣、職業相符的消費者輪廓，導致購物行為皆傾向於這個數量的堅果組合。

　　以此類推，二十五歲的女性上班族客群，購買的品項和五十歲的客群當然完全不同。正因我對這些不同族群的 **TA（Target Audience，目標受眾）** 有著深刻的了解，在電商戰場中，我便會開始不斷將這些名單和資料分類，建立出一組又一組精準的受眾名單，針對不同的族群投以不同產品組合的廣告，對二十五歲的女性上班族投放堅果塔組合的廣告；對五十歲的媽媽們，投放6罐大罐綜合堅果的超值組合。這樣的概念就如同我在菜市場叫賣時，不會向五十歲的客人，推銷不適合他的產品，網路思維便是一樣的道理。

● 圓圈代表：該顧客在網路上的消費者輪廓TA Persona

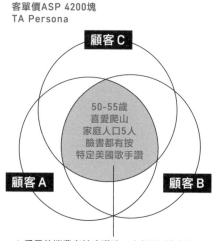

客單價ASP 4200塊
TA Persona

顧客C

50-55歲
喜愛爬山
家庭人口5人
臉書都有按
特定美國歌手讚

顧客A　　　顧客B

1.重疊的消費者輪廓導致一次都買6罐大綜合
2.客單集中在4200塊

判定：建立一份ASP4200的顧客資料
廣告專投6罐大綜合堅果的產品組合

客單價ASP 680塊
TA Persona

顧客甲

23-25歲
喜歡烘培
新婚3個月
臉書都有按
愛料理、美味人妻讚

顧客乙

顧客丙

1.重疊的消費者輪廓導致大多都買堅果塔
2.客單集中在680塊

判定：建立一份ASP680的顧客資料
廣告專投堅果塔的搭配組合

1.如何找到最初的TA？

最一開始的顧客從哪找？進軍電商前，有很多不同方式去
找到客戶。

如果可以的話，我強烈建議親自接觸第一線的消費市場，
像是飲食、衣物、3C等等，如此不僅能了解產線，更能真實理
解消費者的模樣，取得第一手的消費回饋，有了回饋才有辦法
優化、開發顧客真正需要的東西。這都是經營電商未來相當重
要的基礎。

假使沒有第一線的銷售經驗，就可以使用FB強大的廣告系
統，去作出第一步的廣告測試，在第三章中，我們會聊到這件
事。

2.如何確認自己了解顧客？

一被問起TA是什麼人時，很多人認為，「25歲～45歲的女性」就是他的TA族群，說出這種答案的同時，就代表著還沒完全了解自己的TA。

事實上，沒有任何一個品牌的TA範圍會這麼大，每差1歲，消費者的消費習慣就會有所不同。商業週刊的報導曾經提到這樣一句話：「再也沒有肥美的大單，只有更精準的小單」[2]，意思就是想用一項產品將所有消費者一網打盡，已然是不可能的。

如今消費者的興趣跟行為已經越來越細分，只有徹底精確地了解誰買你的帳，定義更精準的目標受眾，才會有好的銷售成績。

也因此，當有人問我「團圓堅果的TA是誰」，我不會回答網路上21歲到65歲的所有老老少少。反之，我會說21歲到65歲的客人，都會購買我們的產品。「25到27歲的女生上班族或新婚三個月的人較常購買夏威夷豆，客單價平均落在680元；50歲到54歲的女性，平均家庭結構有5個人，愛登山、月薪五萬以上，每次都會購買6瓶以上的大罐堅果，客單價平均落在4200元，回購頻率高達六成。」

只要觀念對了，就可以將寶貴的數據轉化成精確的消費者輪廓。正因為購買不同商品組合的族群都不一樣，所以在投放廣告時更要精準。

相信大家都發現了，最近FB很多的公眾人物、粉絲專頁都被要求更改類別，例如知名設計師古文又，就被FB邀請從公眾人物更改成藝術家或是設計師，換上更精確的類別和標籤。

　　這是因為FB想要「更精細的大數據」，在收集完一個按哪些類別專頁的讚之後，就能推敲出該消費者在現實生活中的輪廓，對哪一種廣告會有興趣。只要數據越精細，消費者輪廓就會越明顯。廣告主在投放廣告時，投出去的廣告就會更準確。

　　每天發幾張照片、按什麼東西讚、分享哪些東西等等，只要掌握每個人在FB上的行為，基本上就能反映出現實中他是個怎樣的人。

　　舉個例子，像是星巴克在投放FB廣告時，會專門把廣告投給「每天發照片超過三張以上」的人，為什麼？那是因為星巴克抓到了TA所具備的心裡特質，願意分享自己的生活，甚至有些炫耀。你身邊是不是就有無論無何，上課、上班甚至是出門就一定要買上一杯星巴克，時常拿星巴克拍照的朋友，幾乎每天都可以在FB上看到他的照片，用以顯示生活很有質感、很富裕。這群人就是星巴克的TA，利用FB強大的數據來找到自己需要的受眾。

3.用FB的超強功能，鎖定相似受眾！

在確定TA輪廓後，要快速拓展品牌知名度時，就需要投放廣告，如何擁有大量又精確的顧客名單呢？其實很簡單，只需要相關顧客的手機或電子信箱。只要擁有一份超過200組電話號碼或是電子信箱的名單，FB就會自動幫你擴大找出所需的TA。

這是什麼意思呢？

如果有機會參加展覽寵物展、咖啡展、酒展等等，可以發現有一種人，他的目的不是試吃，也不是去聽解說，就是拿著名片盒，一句話也不說地到每個攤位上交換名片。展覽結束後，便拿著滿滿的名片離開，每張名片就代表一組電話號碼跟電子信箱，整疊名片就有相當可觀的資料訊息。他的目的就是：「**取得相似受眾 Lookalike Audience**」。

把這些手機或是電子信箱丟到FB上，就可以建立顧客名單，找出這些人是誰，除此之外還能找到**相似受眾（Lookalike Audience），也就是指與這份名單類型相似的人。**

　　這些交換名片的參展者，一定有些共同之處、擁有著相近的消費者輪廓，導致他們出現在這個展覽當中。臉書會將這些人的特性歸納出來，拿這些相同的特徵去從全台2000萬名FB用戶中找出1%～10%的相似受眾，只要有電子信箱、手機，就能丟進FB運算。

　　舉例來說，延續上一小節所提及的概念，一個用戶特徵代表一個圓圈，就像把一個人的特性，畫成一個圈圈，將一兩百人的圈圈交疊在一起，這1%的交集就是這群最明確的ＴＡ Persona！FB在台灣有高達87%的普及率，只要顧客名單超過二十份（兩百份以上較為準確），都能用蒐集到的受眾去找到全台1%也就是20萬個跟這群臉書認定為「精準顧客」相似的受眾。

　　這是臉書非常強大的功能，能夠讓你在短時間內，用少量的資源找到最多的TA，如果你的產業沒有相關的展覽，那就要想辦法留下會員的資料，用少量資料去獲得最大的轉換。

　　而在第三章介紹FB廣告操作時，會給大家詳細的實作教學說明。

出現在展覽的人

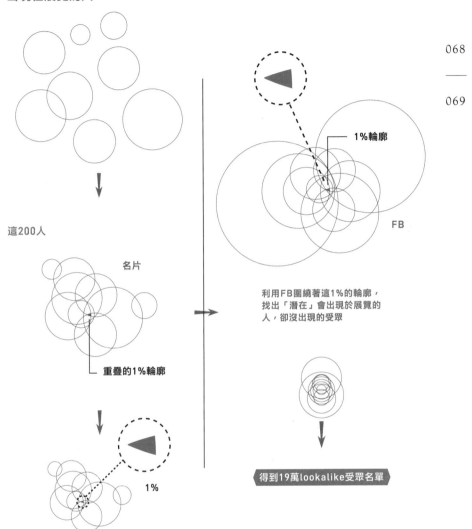

這200人

名片

重疊的1%輪廓

1%

1%輪廓

FB

利用FB圍繞著這1%的輪廓，
找出「潛在」會出現於展覽的
人，卻沒出現的受眾

得到19萬lookalike受眾名單

小提醒：

有時候可能1%的條件抓得太嚴格，會有極端值，但是如果你的名單夠多，發
生極端值的機率就會降低，誤差值也會更小。所以如果你想要真正精準的
Lookalike受眾，名單一千份以上會比較準確。前期也可以抓較高的百分比，
慢慢優化、篩選以及調整受眾。

三、行銷策略,你會選哪種?

有了制定行銷策略時,常常會遇到兩難的情況,畢竟人力、資源、金錢等成本都是有限的。因此,決定一個行銷的方向並徹底執行,讓所有衍生的策略都以此為中心,才是最有效率的做法。以下拋出一個大家常問的問題,先不用看內文,在心裡默想答案,問問自己為什麼這樣思考?

消費者的選擇,是為了價格還是真的喜歡?

在電商成立初期,因為顧客獲取不容易,有種策略就是上開架式平台,以低價促銷優惠來吸引顧客上門,好處是當價格夠吸引人,CP值夠高時,你可以快速的獲取訂單,快速變現。建立一大批顧客名單。

所以,

> 為了獲取第一批大量的顧客名單,到底應不應該以促銷的方式,吸引消費者購買? **?**

値得思考的是，以低價網羅進來的顧客，大部分購買的原因都是因為促銷而購買，他並不是你真正的TA，而是被低價促銷所吸引，當下次沒有折扣時，他回購的機率就會非常的低。以低價策略吸引消費者的風險就是這群顧客的消費者輪廓並不明顯，一次性消費的機率非常高，且有降低品牌形象的風險。

所以先前提過在大市場的微利時代下，小電商打價格戰，往往是自討苦吃，沒有資本和本錢跟人家比氣長，就別做這種事。假設資本充足好了，端出來的商品也只是普通水準，很快就會被淘汰掉。

現在的商品資訊相較過去更為透明，價格、功能、廠商等等都可以很簡單的找到資訊。顧客選擇多，就必然帶來更激烈的競爭，勢必會有供過於求的情況發生，有些店家為了脫穎而出，大打價格戰，希望用低廉的價格吸引大量人潮，但卻不知道電商的基礎是「強力的產品」，而不是相死相殺的價格競爭。

在面對台灣低忠誠度的顧客，不只要用實在的價格說服顧客，更要回到產品本身，創造出消費者真正喜歡的商品，進而讓自己的品牌被喜歡、理念被看見、風格被宣傳。

給消費者更全面的理由掏錢給你。

四、強化消費者體驗

　　上面提過，在制定行銷策略的時候，我們要以客人的喜好為主要銷售目的才能把對的商品賣給對的人，減少中間的耗損，提高轉換率。此外，消費者從看見商品或廣告的那一刻，一直到收到產品的過程，都是我們的服務內容，這中間消費者的反應、感受就屬於「消費者體驗」，這些體驗會影響消費者怎樣去看待你們的品牌，無論是物流配送、客服服務、售後服務都應該好好的經營。畢竟，電商賣的不只是商品本身，更是把完整的品牌銷售體驗呈現給消費者。

　　◎多想一步，你可以給顧客更多

　　經營小眾必須以人為本，站在顧客的角度去設計、行銷產品。第一步就是**符合顧客對商品的期待**，像是給追求健康的消費者無添加的天然鮮乳、給女性朋友們舒適的經期產品，都是將產品打造成消費者內心期望的樣子。

再更進一步，你可以讓商品超越消費者的期待，**讓他們感**
受物超所值，也許是購買產品的同時，撥出一部份的利潤做公
益；以月亮杯來說，就是顧客期望舒適的體驗，但是產品進化
成無感的享受。用強大的商品力讓消費者真的感受到，這件商
品是多麼符合所需，想到同類型商品的時候只會想到你的品牌，
這樣就很不錯了。

最後別忘了以人為本，以顧客為發展中心，讓電商更有人
性。不只是把產品賣出，更是要把自己品牌的專業服務呈現給
銷費者。讓消費者收到產品的同時，感受到滿滿的品牌價值。
無論是在包裹中放入手寫小卡，「女人，我懂你。」讓消費者
與品牌之間的聯繫更加緊密； 或是跟緊時事送上當季的祝福，
如同 Unicorn獨角獸，在彩虹遊行期間，在產品中附上一張小
卡說「我們挺你！」大大的增加品牌的好感度，讓顧客的依附
感更強。

◎創造一眼就懂的訴求

擁有精實品牌、推出強大的商品後,你需要的是快速抓住消費者的眼光。他們比你想像中的更懶一些。所以要讓消費者在接收到訊息的時候,心裡的購物魂就快速被燃起。要燃起那份購物魂要的是精準的TA,畢竟男生可不會被經期用品點燃,更不會勾起相關回憶。

訣竅在於告訴大家「生活上的麻煩,用我們的產品就能解決」,主打功能性,勾起消費者過去的經驗,在其面前呈現**更省時、更省事、更省錢**的產品。當人的問題一旦有更好的解法時,購物的慾望就會被撩起。

例如著名的好神拖,就標榜打掃不再是件辛苦的事,強調產品的高效能。消費者在家事上的問題,完全可以透過好神拖來解決,還在家裡痛苦的打掃嗎?好神拖拯救你苦命的主婦人生!

首先為顧客創造,或是提醒需求,引起動機。再主打產品符合需求,讓顧客一眼就懂,產生對商品的信任感,提高興趣,精準的攻擊TA的痛點,再溫柔的用產品照顧他就對了!

◎若要叫腦一直買，推薦商品不可少！

大家都知道，Facebook、Google、Amazon等科技巨獸
掌握了使用者的行為流程、興趣等所有數據，對於消費者輪廓
可說是一清二楚。事實上，Amazon 比你想像的還要了解消費
者更多，最好的證明方式就是現在馬上打開電腦，到亞馬遜搜
尋一本你喜愛的書，明天你就會發現，亞馬遜居然在網站上又
向你推薦了另一本你所喜愛的書，這絕非巧合。

談起Amazon之所以能坐穩世界電商龍頭寶座，推薦系統
功不可沒。在Amazon推薦系統實際運作的隔年，總體營收不
但增加了30億美金，更相較去年總營收成長了40％。當你還在
尋找第一件產品時，亞馬遜就根據此商品的特性標籤，整合所
有可能的消費者輪廓，羅列出眾多你極有可能會喜愛的推薦商
品。

從瀏覽一件產品到完成結帳，推薦商品無所不在。與其說
是逼迫消費者不斷把商品加入購物車，更應證了Amazon發言
人向財富雜誌（Fortune）表示的道理：「亞馬遜的任務即是
取悅會員，讓他們無心插柳般地發現美妙的產品。我們相信這
樣的情形每天都在發生，這是亞馬遜衡量成功的標準。」[3]

推薦商品不僅是電商提高客單價的好方法之一，更是讓消費者不停哭喊**「為何要逼我一直剁手？」**的絕佳方式。推薦商品白話的說，就是所謂的加購品，最大的功能就是要讓消費者不停地將產品一件又一件的加入購物車。這樣的銷售模式，完全是為了提高顧客的客單價，用比平常更便宜的價格，提供消費者實惠的加價禮，讓他感到物超所值，多掏些錢購買其他產品。

但說到這邊，相信很多人和初期經營電商的我一樣，無論如何，都想將高毛利產品當作銷售組合，甚至讓每一項商品的加購品都是高毛利產品，不但能同時疊高客單價，又能掌握毛利空間，如果你真的這麼認為，那就大錯特錯了。這裡我舉一個例子，相信你就能馬上清醒。

當老奶奶去菜市場買水果的時候，你認為水果攤老闆，會將毛利最高，但對老奶奶來說根本咬不動的蘋果或是芭樂推銷給她嗎？那麼硬的水果即便毛利再高，真的適合說服沒有牙齒的老奶奶購買嗎？相信答案是否定的，因此推薦適合的加購產品給對的顧客，決定了加購組合策略的成敗。

以下舉團圓堅果在初期選擇加購商品最實際的案例，當我
們在決定各項產品的加購商品究竟要哪一項的時候，會直接攤
開訂單來分析，假設要設定核桃的加購品，我們就會在訂單中
把所有出現核桃的訂單標示出來，並且去計算，在有出現核桃
這項產品的訂單當中，其他產品被購買的機率為多少？你可以
發現，綜合堅果出現的機率高達26%，也因此，如果你將綜合
堅果設定為加購產品，那麼每四個人就會有一個人成功把商品
加入購物車。

上述方式是最簡易，卻也是初學者最能上手的方式之一。

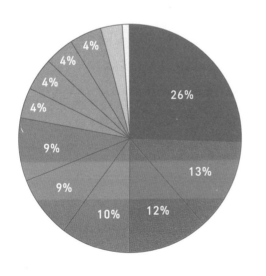

- ● 26% 購物車內僅買原味綜合堅果
- ● 13% 原味夏威夷豆
- ● 12% 茶香黑糖腰果
- ● 10% 原味腰果
- ● 9% 紅藜麥
- ● 9% 綜合堅果塔8入
- ● 4% 奇亞籽
- ● 4% 原味杏仁果
- ● 4% 原味核桃
- ● 4% 酒釀黑糖核桃

━━━━━➤ 團圓堅果每周分析訂單，找出個受眾較高機率會加購的品項

◎請讓消費者聽得懂！使用消費者的語言！

消費者要不要連到你的網站，是基於對達到目標的需求緊迫程度，判斷產品的價值值不值得購買，舉例來說，一隻手機標榜四核心超高速雙鏡頭，Intel 獨家代理，高效能，不會引起注意。但只要跟大家說，這隻手機開機只要兩秒鐘，拍照可以照出毛細孔，一秒開網頁，記憶體可以存五千部影片、自拍六千張。說法一改變，消費者很自然的就會覺得後者有說服力，因為它是消費者能懂的語言，說的是消費者聽得懂的話。

若是跟大家說，我們的堅果含水率8%，烘烤兩個小時，裡面含有不飽和脂肪酸，是不會受消費者青睞的。

但只要跟消費者說，我們的堅果吃了不會口乾舌燥，而且可以預防心血管疾病、高鐵高鈣，比市售堅果營養高三倍。在敘述的過程中，符合消費者對於達成「健康」目標的期待，告訴消費者我們的堅果和你過去吃的堅果完全不同，他們就會燃起嘗試看看的興趣。

在臉書社群中，平均每個用戶停留在一則廣告的時間只有短短的三秒鐘，消費者永遠是懶得看，沒時間理解，懶得做任何事的傲嬌鬼。如何在三秒鐘內抓到消費者的眼球，進而轉換成訂單，就是建立上面所討論的東西。

懶惰就沒有消費力嗎？其實台灣電商消費能力非常強，一人平均一年在網路上的消費是兩萬三，有趣的是平均消費金額最高的是55~65歲的高齡人口，這意味著如何讓消費者「看得懂」就是你致勝的關鍵。

五、用數據看行銷

　　在數位在產業中了解消費者每一步的行為流程是經營電商的關鍵,也就是所謂的數據。近年來電商蓬勃發展並且能經營小眾,有部分的原因就是網路數據的蒐集變得更普及,讓大家都能透過檢視數據來優化自己的行銷成果!所以**「了解消費者每一步的行為流程」**已然成為電商經營的關鍵之一。

　　創造出FB第一大網頁遊戲品牌「神來也麻將」的慧邦科技創辦人Mike曾用「黑盒子理論」點醒了我網路數據的重要。他說網路品牌提供服務內容時,如同把水灌進一個**黑盒子**。流量導入網站就像花錢裝水龍頭為盒子加水,加著加著,盒子總會有些破洞讓水慢慢流失,盒子的水也因此慢慢減少,整個加水的過程出現瑕疵。而這個黑盒子從外表是看不出任何端倪的。

　　為了要裝滿盒子,大部分的人就花錢加大水龍頭的水量,四處丟廣告把人導入網站,卻也因為盒子的破洞,得不到好的轉換率。最有投報率的辦法就是把黑盒子的洞補上,讓他流出的水越少越好。而我們要做的就是打開黑盒子,找出那些破洞、問題。

　　黑盒子裡就是滿滿的電商數據！包括多少人在註冊會員時流出、多少人在購物車時流出、多少人在哪一個頁面流出，這些數據可以從後台看到，優化他們就是把黑盒子的洞補上！讓你即使水龍頭比別人小，靠著密不透風的盒子，總水量一樣能比別人多！

　　所以如果你不親手把黑盒子打開，了解裡面怎麼運作，你永遠不會知道要怎樣修補這些漏洞！

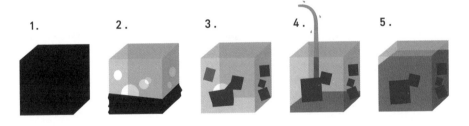

　　在和許多朋友交流時，很多人問我，為何社群的點擊率很高，但是轉換率極低，都沒辦法兌現？如果你也有同樣的疑問，我先反問三件事。

1. 你知道，消費著把第一件商品加入購物車後，花了多少時間加入第二件商品嗎？
2. 你知道，消費者看你的一頁式銷售頁面（Landing Page）都看到幾％的地方嗎？
3. 你的運費免運門檻是用什麼依據來設定的？

　　如果上面三個問題，你都沒有任何頭緒，那就代表你還沒有掌握黑盒子裡的數據，這些都是拆開黑盒子能告訴你的事情！

提升你的轉換率CVR（Conversion Rate）

CVR代表一個商品成功的轉換，與點擊率息息相關，如果你已經將產品力顧好了，廣告也下得沒問題，CVR還是一直上不來怎麼辦？別擔心，搞定以下幾件事，逐步拆解黑盒子，絕對馬上提升CVR！

1.優化跳出率，細節決定成敗

跳出率指的是顧客進入目標網站之後，沒有任何動作就離開網站的比例。這項指標能看出你的產品力和網站的內容經營，即使廣告的點擊率很好，關鍵字搜尋下的很正確，如果內容不符合顧客所需，他也會馬上跳出，這項指標可以看出有沒有跟 TA 達成成功的溝通，也就是你的網站是否符合顧客所需。

 小知識：

大品牌跳出率約為30%，原因是消費者大多都是「主動搜尋」進入網站，因此目的明確，不輕易離開網站。

網頁載入時間會直接影響用戶的使用心情，如果超過五秒，不耐煩的心情就會浮現。分享一個初期架設網站的慘痛經驗，由於我大學期間念的科系是設計類群，對於設計和圖片的品質要求甚高，網頁上的每張圖片都是高解析度的，但是沒想到這竟然就是CVR一直無法提升的原因。

從Google Analytics的數據來檢視，高達八成的用戶在瀏覽我們商品前就流失。實際測試，網頁載入時間高達15 秒，一個購物網頁的開啟要花上15秒，消費者根本不會有耐心等待，導致八成的人直接流失。而後，我們將網站每張圖片從3MB壓縮至900K左右，減少圖片大小，降低用戶的等待時間。

🔧🔧 小技巧：
在壓縮圖片的功能當中，臉書所研發的圖床是眾多網站裡做的非常好的，因此，你可以簡單地將高解析度上傳至臉書，並重新將圖片下載存取，不但可以維持原先圖片的高品質，同時大幅降低圖片大小，簡單又方便。

優化之後，載入時間僅需5秒，有了顯著的成果，顧客停留網站的時間比上升20%，跳出率從80%到50%。

一般初期新創電商跳出率是60%左右，大品牌像是可口可樂、蘋果等，跳出率只有3成。因為消費者通常是直接搜尋他們的品牌官網，先備動機已經確立，跳出率自然是低的。優化網站架構、內容行銷推廣，甚至是走入線下提升品牌力，讓更多顧客直接搜尋你的網站，都是降低跳出率的好方法。

知道跳出率就能知道品牌競爭力到底強不強。後來我們把網站優化到跳出率只有28%，網頁停留時間自然變的長，轉換率也就跟著提升。

 小知識：

當網頁載入時間每多一秒，消費者就會降低7%的購買意願。

2.會員（訂單）註冊填寫的欄位

我們知道，電商或是平台互聯網，都非常注重會員數。

掌握消費者輪廓（TA Persona）是電商必備的課題。因此，很多人為了取得更詳細的會員資料，在註冊欄位中羅列許多問題，例如要求用戶填寫詳細職業、地址、年齡、嗜好等資料，成了註冊流程中的必填欄位。這樣的要求到底是不是一種好的方式呢？

 小知識：

> 當填寫欄位每多一欄，消費者就會增加14%的跳出率。

數據顯示，在註冊會員時，每多一個欄位，就會增加消費者14%的跳出率。舉例來說，台灣知名影音串流平台CHOCOLAB TV、神來也麻將，當初就是為了要取得更精細的消費者輪廓，因此註冊欄位眾多，一從Google Analytics（Google 流量分析工具）檢視，就發現10個人點進來只有2個人註冊，想要抓精準的TA但最後連會員都沒有，適得其反。

　　因爲消費者是懶惰的，一看到麻煩的事情就會很容易放棄。不要認爲你的需求，消費者都會無條件地買單，是企業要去配合市場，而不是消費者要去配合企業。

　　這也是爲什麼越來越多網站的會員註冊，到後來變成「用FB帳號註冊」的一鍵登入，省時方便，讓消費者的意願提高許多。現在很多APP都是提供姓名電話就能加入會員了。當然，另一方面，也是因爲現在其實不需要自己去搜集大量的資料，只需要信箱電話就能請讓臉書運算，找到精準TA。

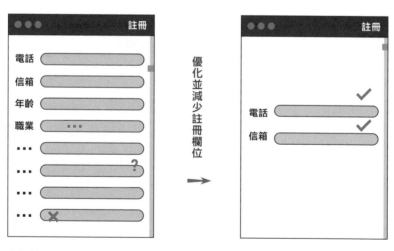

有許多欄位的註冊會員流程：
缺點，跳出率高，註冊成功率低

優化後：
跳出率低，註冊成功率高

3.文字跟圖片的排版

在顧客一點進你的網頁後，網頁的文字顏色、連結的顏色，都是會影響點擊率的。在同個網頁上，一個藍色按鈕跟紅色按鈕，兩個點擊率是會差很多的。

這邊給大家兩個工具來檢視你的效果，第一個是**熱點點擊地圖Heat Map**、第二個是**使用者捲動捲軸套件Scroll Depth**。熱點點擊地圖就是能讓你知道這一個頁面哪個地方點擊最多次，藉此判斷圖片連結效果好不好，假設不好，是顏色不對，還是敘述文字有問題？這些資訊都可以透過點擊率的統計讓你了解網頁的設計合不合顧客口味。如果你的點擊率集中在上面、下面設計的部分點擊率低，那代表說Landing Page的圖片排版不好，讓顧客錯失了下面的資訊，需要做調整。

　　使用者捲動捲軸套件則是能統計用戶在瀏覽網站時，每個畫面停留的時間長短，用戶普遍瀏覽至網站的幾%。假設你的網頁Landing Page只被瀏覽了20%，代表前面文字太多，或是圖片素材需要更換，讓顧客在網頁的最初就不耐煩了，知道這件事後就能針對問題優化，提高點擊跟轉換。

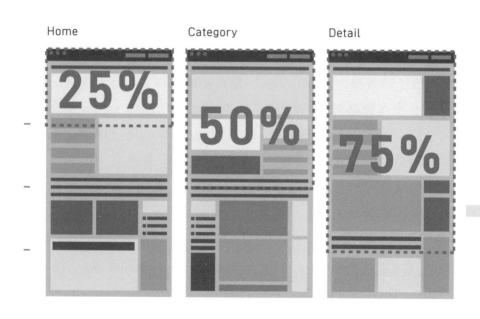

使用者捲動捲軸套件Scroll Depth可以追蹤使用者捲動捲軸
動作的百分比，藉此分析使用者閱讀網站內容的情形。

4.調整免運門檻

在電商的成本裡面，一定少不了出貨的運費成本，大部分的電商除了商品本身的價格之外，會加上額外的運費讓顧客自行吸收，減輕店家的負擔。除非消費者消費到一定的金額，讓商家願意負擔這部分的運費，那筆金額就是所謂的「免運門檻」。

有了免運門檻的設定，可以創造雙贏的局面，消費者為了省運費，更願意多買一些產品，或是找人揪團，變相的就提高了**客單價ASP（Average Selling Price）**。但免運門檻不是訂越高越好，在我初期經營電商時，我根本不知道免運門檻該設定多少，我參考了許多家品牌官網，最後決定訂一個看似最省運費的門檻，兩千塊。

經過一段時間，我發現，我在社群網路的廣告點擊率很高，但是為何就是沒有半張訂單呢？於是我打開Google Analytics（Google 流量分析工具），發現消費者把第一件商品加入購物車的時間非常的短，但當要選擇第二件商品時，卻停留了五分多鐘的時間，隨後便離開官網了。

才發現，加入購物車：結帳比高達7：1。這意味著，每七個人把商品加入購物車的消費者，最後只有一個人結帳。如果以平均臉書廣告將一位用戶帶往官網（Lead）並加入購物車（Add to Cart）的成本為一百五來算，為了省那七十塊運費，卻損失了九百塊顧客放棄購買的廣告成本。

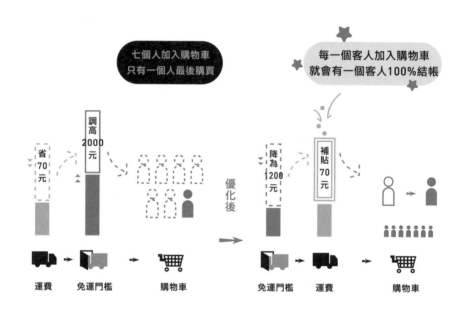

七個人加入購物車
只有一個人最後購買

每一個客人加入購物車
就會有一個客人100%結帳

省70元
調高2000元

優化後

降為1200元
補貼70元

運費　　免運門檻　　購物車　　　　　　免運門檻　　運費　　購物車

為了省70塊運費
把免運門檻設很高
高達2000造成

雖然損失70塊運費
達免運門檻
補貼消費者

---> 加入購物車：結帳比高達7：1

---> 但是馬上多了 6 筆訂單！

隨後，我們開始依據品牌的產品特性、回購週期等因素，調整並策訂新的免運門檻，最後發現一千二才是消費者購買堅果的平均價格，加入購物車比上結帳比瞬間來到1：1，也就是說，每一位加入購物車的消費者，最後都會成功轉換，讓每一位客人不但願意多選購幾罐堅果，同時又是他們可以接受的消費門檻。

　　調整免運門檻不僅能提高客單價，更能提升轉換率。團圓堅果初期還不懂的時候，免運門檻胡亂參考別人的訂了兩千塊，這邊就是做了錯誤的示範，在完全不了解消費者輪廓的情況下胡亂參考。日子一久，我們的廣告點擊率雖然很高，加入購物車的比例也不錯，但是真正購買的人卻不到兩成，轉換率一直無法提升。

後來才發現，有兩個情況會讓消費者加入購物車後無法轉換成訂單：

第一，運費門檻太高，怎樣都湊不齊免運。
第二，產品數（SKU數）不足，怎樣都挑不齊想買的產品。

首先，假使我們的目標族群是小資上班族，免運門檻訂為五罐，結果小資族的消費習慣平均一個月只買一罐，**運費門檻太高，怎樣都湊不齊免運**。為了要購買堅果，但光運費就要多花上一百塊，想當然他就不會下單；反之，假設我們的目標族群是長輩，消費習慣平均一次都買三罐堅果，但是我們的免運門檻卻只訂兩罐堅果的價錢，那就更傻了，反倒成了自己吃虧，降低訂單客單價。

再者，假設我們整個商城都只賣單一核桃產品，消費者根本不會想一次就買五罐核桃湊免運，**產品數（SKU數）不足，怎樣都挑不齊想買的產品**。所以龐大的產品數，才有更高的機率讓顧客東湊西湊，湊到免運費。

5.預設付款方式

根據2018資策會調查，有七成五的民眾願意線上付款；八成五的民眾願意超商貨到付款；兩成五的民眾願意ATM轉帳。可以看出消費者較能接受的付款方式還是著重在刷卡與超商取貨付款上，因此，若商城沒有串接金物流提供以上服務，轉換率是不會高的。

然而，**預設付款方式**又是另外一門學問，六成以上的消費者會依照商城預設的付款模式進行購物，超商取貨付款的轉換率還是相較線上刷卡高出許多，以下列出兩者的優缺點供各位參考。

預設線上刷卡付款的優點在於金流不會被卡住，付款後短時間內就能收到錢，更不用承擔買家不去超商取貨的風險。缺點在於轉換率相較超商取貨付款來得低，若消費族群年齡較低，會大幅降低購買意願，年輕族群不一定都有信用卡，他們更習慣超商取貨的模式。另外最大的缺點，莫過於線上刷卡都會產生一筆2-5%的金流手續費，對電商主來說都是一筆費用。預設線上付款可以讓你擁有靈活的現金流，在經營上能快速周轉，不用承擔買家不取貨的來回運費成本，但就要承擔金流手續費以及較低的轉換率。

超商取貨付款適用於沒有週轉壓力、想要有更高轉換成效的經營者。相對的，當你提供消費者一個便利的結帳流程，他們很有可能不去超商取貨，造成來回運費的損失。為了避免消費者不去取貨，你必須寫信、寄簡訊甚至打電話提醒消費者，這又是另一筆額外的人事成本支出。

舉團圓堅果自身為例，當我們從預設信用卡付款切換成超商取貨付款後，明顯提高了2～3成的轉換，節省了約五千塊的金流手續費，但是額外增加約四千塊的運費及人事成本，總體來說選用超商取貨付款是划算的，提供以上數據供大家參考。

預設付款方式	轉換率	票期	額外成本
線上刷卡	較低	3-5天	金流手續費2-5%
超商取貨付款	較高	15-30天	負擔來回運費、人事用費

電商微妙之處就在於能透過數據，掌握消費者每一步的行為流程。經營電商的不二法門就是不斷地觀察數據、優化顧客購買流程，發覺哪裡出了問題，針對每一細小環節進行調整。電子商務是流動的、是動態的，我們永遠不可能找到一個通則，適用於所有電商。因此，你手上掌握的數據，是幫助你快速成長的珍貴資產，更必須時時檢核加以優化，才有辦法立於不敗。

另外你也該知道....

1.網頁平均停留時間Average Visit Duration

一個網頁的平均停留時間就代表著網頁對於顧客有用與否。如果顧客忠誠度高,便會延長停留時間,願意花更多時間好好看你的網頁。

一般來說**網頁平均停留時間**的計算方式為「**網站的總瀏覽時間÷網站的總流覽次數=Average Visit Duration**」。

要注意的是,必須好好了解每個網站分頁的停留時間,把停留時間短的做優化,從中去判斷是不是有些地方讓人很難理解、或是排版讓人不舒服等等。

要提升顧客在網站的停留時間,就是要提供他所需的內容,若給消費者他們需要的東西,他當然就會一直造訪你的網站。這種靠提供顧客感興趣的內容,進而吸引粉絲停留的方法我們稱之為**「內容行銷 Content Marketing」**。

愛料理就是用這種方式,不斷提供好的食譜來吸引人潮,建立粉絲。這種方法雖然沒有立竿見影的效果,只能默默耕耘,可以試著用充實豐富的內容分享,漸漸吸引粉絲。例如分享有用的工具網站、產品的趨勢相關話題(瘦身、健康與食品連結;運動賽事與跑鞋連結)都是能有效把顧客留住的好方法!

2.每日新造訪人次

電商必須要不斷的想辦法把新的顧客、潛在顧客拉進網站。注意每日新造訪人次的話,就能了解熟客與新客的比例。當熟客穩定成長,代表你的網頁提供的內容是TA所需要的,所以他才會持續造訪你的網站,剛開始經營勢必會辛苦一點,真材實料的內容,換來的就會是忠實的觀眾。

而每日新造訪人次就代表著網站的廣度,一般來說約莫在60%～40%不等。值得注意的是,如果每日新造訪人數比例一直在20%以下的話,可能出了一些問題。

有兩種情況,第一種是總瀏覽數不高,代表你網站還是未開發的時期,如果網站優化的不錯,就下些廣告把人潮帶進來吧!

第二種是總瀏覽人數高,但是新瀏覽比例低,這樣的話先恭喜你,至少有了一群好的熟客,TA十分精準。但是太精準的另一面就是無法擴張,所以下一步就是把投放廣告的客群加廣,從深發展至又深又廣,保持品牌的競爭力!

3.不只轉換更要回購（LTV）

產品不能只是光有轉換，如果產品外強中乾不達消費者的標準，沒辦法讓顧客產生信任感，就不會有回購，就需要再去抓新的TA、制定新的行銷企劃。

要知道回購是只需少數的成本就能再次達成轉換，與招募新顧客相比，這一來一往可是相差許多。

我們要經營的是一個客戶的終身價值，並非一次性用完就丟的「免洗顧客」。對於顧客我們**不只讓他把商品帶回家，更要讓品牌住進他的生活**，有優質的服務，才會有好的回購率，搞好產品之外，也要做好誠信優質的「服務」。

因此，LTV（Lifetime Value，顧客終身價值），便是衡量電商實力最重要的指標之一。

如何精算一名顧客的LTV，以及為何要這麼做，在往後第五章的時候會跟大家提到。

Ecommerce
Zero to One

廣告策略

第參章

第參章、廣告策略

　　在進入廣告的篇章之前，我們必須知道網路廣告的優勢在哪。過往透過電視廣告或是戶外大型看板的廣告，頂多只能計算人潮，估算大略的觀看次數，不能準確的算出廣告帶來的效益。但網路廣告能做到！網路廣告能夠精準的算出**每日觸及多少人、有多少點擊次數、幾次成功地轉換**，甚至能精算每次的**點擊成本、轉換成本**等。讓你每一筆廣告預算都能看見成效，也更容易把更多的預算投資在好廣告上；汰換掉效果較差的廣告。如此找出最適合你的廣告，達到擴散的目標，是對於剛起步的電商來說相當重要的一環。

　　在本章節當中，我們著重在如何獲取第一批新客，下個章節才會介紹其他數位行銷的操作手法和渠道。雖然網路廣告方式百百種，但都離不開幾個關鍵些指標，我們能透過這些指標來評斷一個廣告的好壞，無論任何廣告都是圍繞在點擊率，點擊成本、轉換成本等指標，所以在討論廣告之前，就讓我們先來理解廣告中常見的數據指標吧！

一、 網路廣告指標

 電商體檢中心

● **Traffic：流量，也就是網站的訪問量**

分為**付費流量（Paid Traffic）**或是**自然流量（Organic Traffic）**。假設今天有1,0000個人造訪你的網站，那今日你的網頁流量就是1,0000。

● **CTR（Click Through Rate）：廣告的訪客點擊率**

是指在廣告曝光的期間裡有多少人點擊你的廣告。數字越高代表你的廣告越吸引人，是很好的廣告。

在電商廣告的標準裡平均是2~3%，好一點的有6~7%，某些恐怖訴求的行銷活動或是時下流行的時事議題，可以達到 20% 以上。

● **CPC（Cost Per Click）：廣告每次的點擊成本**

指的是受眾點擊一次廣告，廣告主所要支付的費用。這種計價模式是有點擊成果才會收費，沒有點擊就不需用支付費用。簡單的計價方式為：**廣告總成本/廣告總點擊次數**。數字越低代表你的廣告越受歡迎，單次點擊費用低，大致來說也會越有效率，一則好的廣告CPC都不會太高，電商平均來說一個點擊 2~3 塊是還不錯的表現。

◆ **CPA（Cost Per Action）** ：訂單取得成本，也就是廣告中每次採取行動的成本費用

指訪客每次進行特定行動的花費。特定的行動有很多種，像是**完成訂單**、**註冊會員**、**填寫表單**等，都可以設定，在電商的世界中，大多指一筆**訂單的取得成本**。

以完成一筆訂單來說，CPA的平均是在 300 塊上下，雖然各個產業不同，沒有一個通則，整個電商的平均約略爲300~500塊。如果CPA很高，代表訂單取得成本過高，這時候就要檢查自己的產品力是否不足、廣告是不是不夠吸引人、或是網站流程需要優化，導致需要更多的廣告費來達成特定的行動。

◆ **ASP（Average Selling Price）** ：客單價，每一筆訂單成交的平均金額

就是平均每一筆訂單，顧客花了多少錢，這可以看出你的顧客平均消費力的高低。在電商的世界中，因爲投放廣告所佔的成本較高，如果ASP沒有達到 1000 元通常很難生存。

◆ CVR（Conversion Rate）：轉換率，訂單的交易成功率

　　指的是廣告爲你帶來訂單的轉換效率好不好，與CPA相似，能夠直接、大略地看出這一則廣告的成效如何，目前電商 1~2% 爲平均水平，某些熱賣商品，可以達到5％以上，甚至更高。

 段落小結：

　　點擊率CTR（Click Through Rate）是能讓你最直觀的知道這個產品大家感不感興趣，如果你已經用很好的素材讓大家點擊進網站，恭喜你，通過了第一關，下一步就是提升所謂的**轉換率CVR（Conversion Rate）**。假設現在你的廣告素材有一萬次曝光，在CTR爲1%的情況下，代表每一百個人看到廣告就有一人成功點擊，**網站流量（Traffic）**就是一百人。然而，在這一百人當中若**轉換率CVR（Conversion Rate）**爲1%的話，也就代表會有一個人買單。

段落小結：

　　換句話說，假使這一萬次曝光的廣告費用為三百塊，那麼這一筆訂單的**取得成本CPA（Cost Per Action）**便是三百塊。廣告每次的**點擊成本CPC（Cost Per Click）**等於三塊錢。同理，如果我們將廣告預算增加，曝光次數更多，照理說訂單數量也會隨之成長，當訂單增加到十筆，發現每位客人的平均消費金額為一千塊，那麼平均**客單價ASP（Average Selling Price）**即為一千塊。

　　以上就是各數據指標之間的關係和基本觀念，是身為一名電商經營者不可或缺的概念。

在前面的章節討論過，行銷的定義就是花70%的心力找到「Product Market Fit」，那到底要如何應證產品與市場已相契合了呢？怎麼知道自己的產品力夠不夠強？最簡單的方式就是檢核**點擊率CTR與轉換率CVR的成效表現**，如果兩個數值皆是高的，也達到市場平均水平，便可初步判定產品已經得起市場考驗。但請切記，這兩個數值即使再高，產品也一定會有自己的**產品生命週期（Product Life Cycle）**，達到導入期、成長期後，又是另外的考驗。經營電商除了要顧及回購率（Retention Rate）和顧客終身價值（Customer Lifetime Value），更要經營多管道的行銷模式和營收渠道，才能讓品牌走的長遠。

以下就來讓我們看看檢核「Product Market Fit」的最佳工具：**點擊率CTR**以及**轉換率CVR**之間的關係吧！

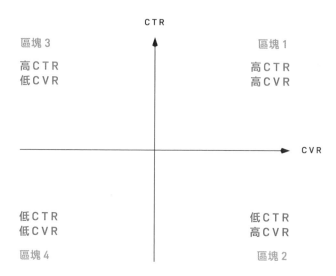

區塊一：**高點擊、高轉換**，恭喜你達到「Product Market Fit」！這不但是一則成功的廣告，更提供了 TA 想看的內容，進而互動。此外，從高轉換率的數據可以分析，你提供了吸引人的良好產品，購物流程也十分順暢，順利達成轉換！要達到這樣的成效，就是要不斷的改良產品，優化廣告和購物流程，找到 TA 在意的點，描繪出忠實顧客的消費者輪廓。

區塊二：**低點擊、高轉換**，那就代表，產品力並有沒問題，但是前者做的廣告是有問題的，這時候要重新思考 TA 的習性，利用、設計、廣告來吸引人，調整廣告素材和文案，把人拉進來。當然，還有另外一種情況會出現低點擊、高轉換的現象，那就是所設定的目標受眾，在網路上的特性本來就是互動率低的一群使用者，這時可以搭配臉書廣告後台的**廣告相關性分數**做為參考，我認為有達到七分以上都是合格的素材。

區塊三：**高點擊、低轉換**，意味著兩件事情：第一，代表
你的產品非常需要加強，用厲害的廣告包住低品質的產品，消
費者當然不會輕易買單，更不會有回購率。第二，如果產品本
身並無問題，那就代表在銷售流程、導購頁面、免運門檻甚至
是網頁載入時間等因素，造成消費者結帳上的困擾，導致低轉
換率，那你就該花時間優化以上問題。

　　區塊四：**低點擊、低轉換**，恭喜你又可以花更多時間好好
研發產品、了解消費者，不要急著花大把廣告費做曝光，應該
花功夫建立好完整的購物流程及體驗！此外，在廣告素材製作
上，也應該重新設計，趕緊將廣告下架，把預算分配給成效好
的廣告組合，亦有可能是你對於TA的掌握度還不足，摸清楚了
再來重新找素材。

◆　名詞解釋：**廣告相關性分數**，顧名思義就是廣告的綜合分數評比。臉書
會依照你所投放的目標受眾，來評比受眾對你的廣告熱烈程度。此分數以
1-10 計分，數字越大代表廣告相對成效越佳。

二、提到廣告，哪能不提臉書！

了解網路廣告的基本指標後，就能進一步來了解網路廣告該如何操作，而提到網路廣告哪能不提臉書！非常推薦使用臉書廣告作為獲取第一批新客的渠道，不但可以有系統性地找出TA，更能監控成效、預算也能自己掌控，操作起來並不困難，是非常好入門的網路廣告。

台灣臉書用戶已經突破 2000 萬人，扣除幼年及老年人口，幾乎可以說九成以上的台灣人都有臉書，完全與具備消費能力的人口重疊。早在2014年，臉書就已經成為全世界最常使用的社群之一，更是全世界流量第二大的網站，僅次於Google，其驚人的流量與回訪率是眾多網站望塵莫及的。

對於一般的網站來說，用戶獲得有用的資訊後，一段時間內就不會再造訪同個網址，但台灣臉書用戶一天平均登入十四次！強大的社群能力，讓用戶不斷的回訪，不滑臉書就全身不對勁。

從2018年初 FB 公開的季度財報來看，Facebook 廣告銷售收入達到了129.8億美元，較2017年同期提升了五成之多，利潤達到了42億美元，超出 2017 年同期兩成之多。臉書的廣告收益總共佔了總收益的八成以上，如此龐大的收益就代表大大小小的電商都需要他們的廣告。

背後原因就是Facebook擁有海量的會員資料。

簡單來說，現實生活中你是什麼樣的人，喜歡哪些興趣、喜歡去哪些地方、所愛的人、事、物，在社群中，你都一五一十的表露出來，臉書也都清楚地掌握。相信在第二章，各位對於所舉星巴克的例子，有著莫大的感受。

臉書提供了強大的廣告投放系統，而且操作簡單好上手。如同在第二章所提及，透過臉書能找到精準的**相似受眾（Lookalike Target Audience）**，圈出共同的消費者輪廓，替你建立一份精質的廣告受眾名單。

我相信未來臉書將會持續成長，涉足影音、互動媒體等更多面向的廣告，未來幾年內，臉書一定還是最有效率讓電商主獲取新客的最佳營收渠道。接下來的幾個章節就會帶你實際從無到有製作一篇廣告！

三、Facebook鎖定精準受眾

首先，在 Facebook 臉書廣告管理後台，有個非常實用的洞察分析報告，這可以是電商初期找尋TA的利器，讓你知道TA平常在臉書都喜歡看什麼內容，他們的職業、年齡、婚姻狀況為何。

 小提示：

路徑：管理廣告 ➡ 規劃 ➡ 廣告受眾洞察報告

打開臉書廣告受眾洞察報告後，你可以看到類似儀表板的設定區域。就讓我們開始一一介紹後台的各個功能吧！

● 臉書廣告 Facebook 用戶選擇

在一開始的地方，臉書會請你選擇所有 Facebook 用戶還是連結到你的粉絲專頁的用戶，從零開始的電商，在粉絲專頁的粉絲數絕對不會多，因此選擇所有的Facebook用戶！除非你已經是在特定國家擁有至少臉書上 1% 的使用者。

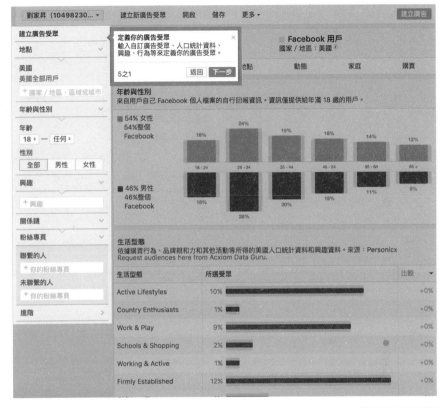

● 臉書廣告自訂受眾

　　左側的「建立廣告受眾」欄位，是用來設定你要鎖定TA的「地點」、「性別」、「年齡」、「興趣」等更精準的行為。

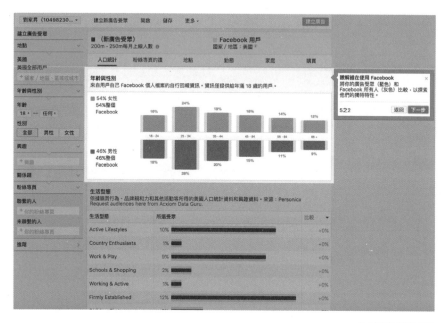

● 受眾年齡與性別

　　位於正中間的「年齡與性別」版位，將廣告受眾的男女比例以及年齡分佈清楚地顯示

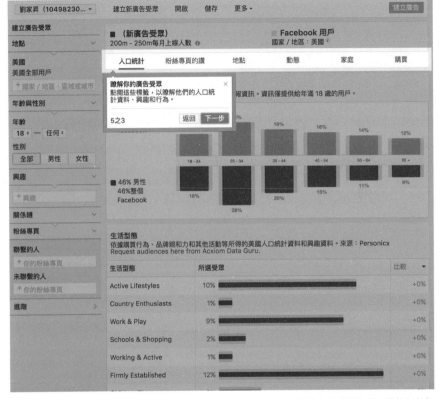

● 受眾人口統計資料、興趣和行為

　　在人口統計資料部分，一旦設定好受眾，便可以開始觀察這些被臉書貼好標籤的用戶，他們的各種特性、興趣、行為甚至是感情狀況。也就是在第二章一直提到的**消費者輪廓（TA Persona）**。

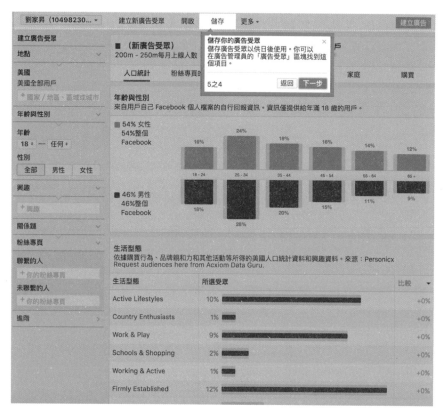

● 儲存你的自訂受眾

　　當你篩選完，也調整好自訂受眾後，便可以將設定好的廣告受眾儲存，以供日後操作廣告使用。當然，如果只是單純想知道目標受眾大概的輪廓，這一步驟便可省略。

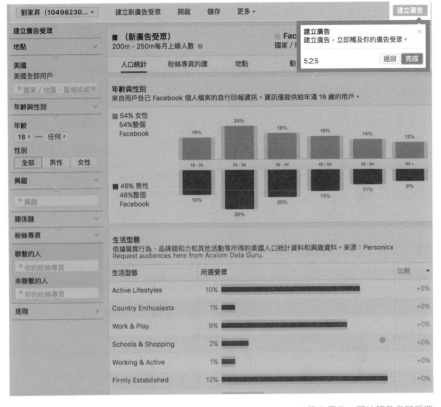

● 建立廣告,開始觸及自訂受眾

　　點選右上角的建立廣告,就可以開始針對你分析好的目標受眾開始下廣告,並進行優化囉

實戰演練：描繪出專屬於你的精準受眾！

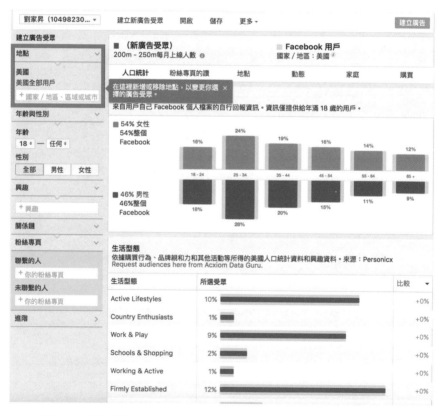

▶ 步驟一、設定地點

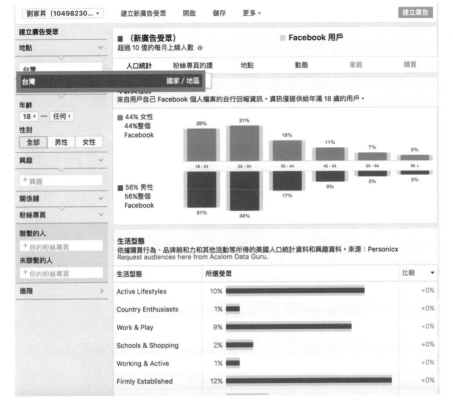

▶ **步驟二、填寫目標受眾的所在地**

在設定地點的部分,假設是在台灣經營電商,消費者不管在哪個縣市都能買到你的產品,那麼地點選擇台灣即可。反之,如果是經營一家在台北市信義區的咖啡廳,那麼在地點的設定上,就選擇鄰近信義區消費者容易到達的區域。當然,舉凡皆有例外,2016 年,我曾經幫一家文創糕餅舖經營粉絲專頁,店內的客人有大半都是日本、港澳觀光客,因此在地點的部分,這家糕餅舖的設定就會是日本、港澳地區,且經常來台灣旅遊,目的即是吸引這些常旅行的外國人有朝一日來店消費。

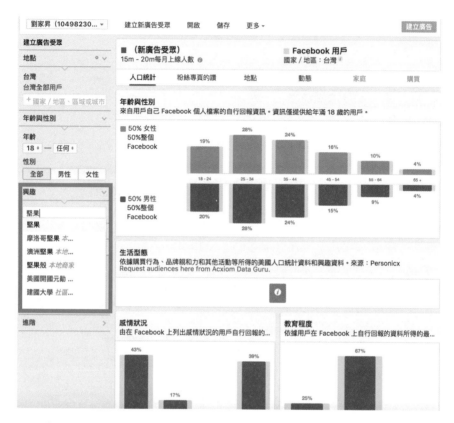

► 步驟三、設定興趣（幫用戶貼上標籤）

假設今天，你對於消費者輪廓完全沒有任何概念，只知道所賣的東西是堅果，那麼可以在興趣的地方，直接輸入產品名詞。面膜、化妝品、葡萄酒、貝果等亦然。我們輸入：「堅果」來做測試。

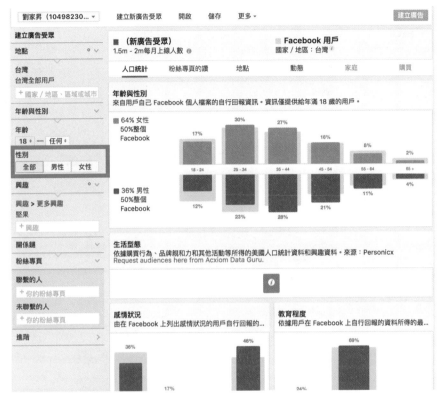

► **步驟四、篩選性別**

　　輸入完產品名詞之後，可以發現，在人口統計的地方，開始出現非常不一樣的變化，從男女比 50%：50% 馬上變成男女比 36%：64%，換句話說，在整個社群中，不論年齡，喜歡堅果、曾經對堅果相關的內容有互動、甚至是曾購買過堅果產品的用戶 64% 都是女性受眾。

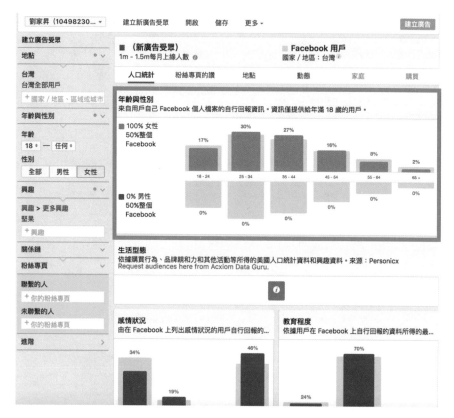

▶ 步驟五、排除受眾，選擇佔大宗的用戶性別

　　透過報表，我們很容易地得到了消費者的第一個有效資訊：女性為主。在有限的預算下，如果要最有效的和目標受眾溝通，應該先主攻女性。下一步，就是在左側性別的部分，選擇女性，繼續下一步驟的TA篩選。

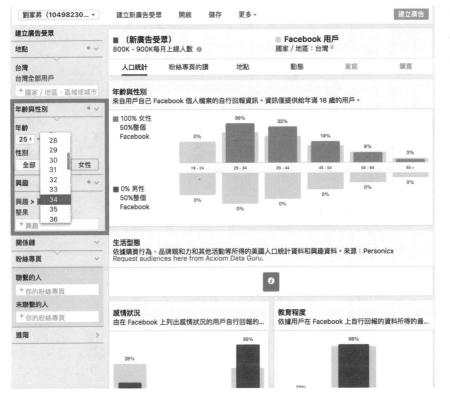

► **步驟六、篩選年齡**

　　在上一個步驟中，發現女性是在堅果類別中相對男性還要感興趣的受眾，其中，又以女性 25 到 34 歲以及 35 到 44 歲為相對其他年齡區間更感興趣的受眾，因此，我們選擇最感興趣的 25 到 34 歲作為主要目標。

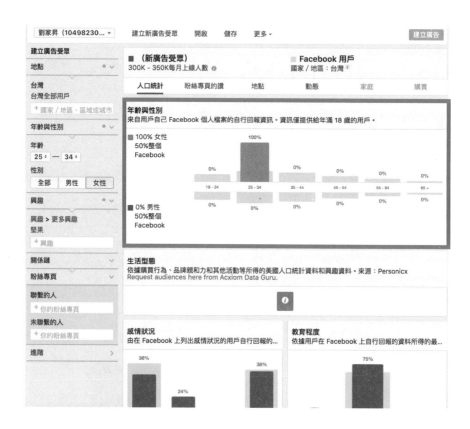

► 步驟七、排除受眾，選擇佔大宗的用戶年齡

　　到這邊為止，大部分的人一定心想：「太好了，以後我就只需要對這群消費者投廣告」但請切記，**「再也沒有肥美的大單，只有更精準的小單」** 剛剛找到的這群人，頂多只能說是經營電商初期，更願意花上多一點點的時間了解產品的一群受眾，不代表他們一定會購買你的產品，也可能只是願意「看」你的商品，卻沒有購買能力。（據統計，消費力最高的族群，年齡落在 50 歲左右）因此還得不斷地細分受眾，花上更多的時間開發產品，清楚掌握不同區間受眾分別喜歡什麼樣的產品和服務。

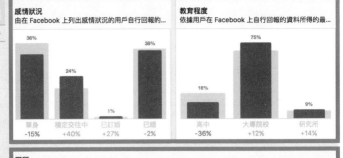

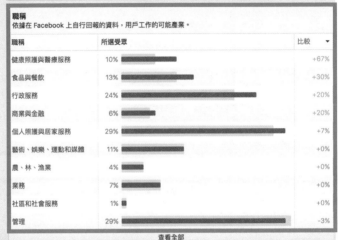

職稱	所選受眾		比較 ▼
健康照護與醫療服務	10%		+67%
食品與餐飲	13%		+30%
行政服務	24%		+20%
商業與金融	6%		+20%
個人照護與居家服務	29%		+7%
藝術、娛樂、運動和媒體	11%		+0%
農、林、漁業	4%		+0%
業務	7%		+0%
社區和社會服務	1%		+0%
管理	29%		-3%

查看全部

► 步驟八、透過人口統計，瞭解受眾

　　最後，就讓我們來看看，受眾們到底都是什麼樣的人吧！我們可以看到在對堅果有興趣的受眾中，藍色的長條圖代表著受眾的組成和分佈，因此在臉書經營社群和廣告時，可以針對感情狀態「已婚」、教育程度「大專院校」、職業「管理」、「個人照護」等輪廓做溝通的素材之一。舉例，社群中常見的「十大系列」，十大需要吃堅果補腦的職業，我們就可以將管理、個人照護排第一二名，引起消費者的共鳴。

　　另外一個常見的問題，許多人會問，那麼右邊綠色的 +30% 代表什麼意思呢？這部分指的是這群受眾和臉書所有用戶做比較的話，超出 30% 的可能性，更有可能是此興趣的目標受眾。依據我的經驗，此數據當作參考，先對佔大宗的用戶溝通即可。

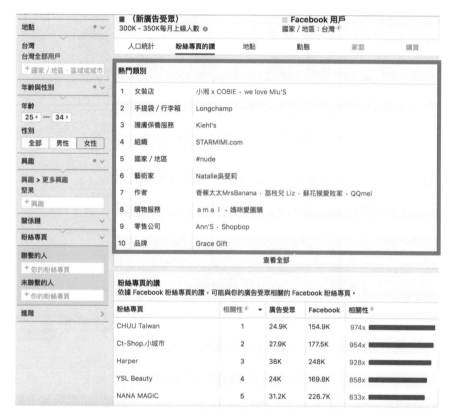

地點	■ （新廣告受眾） 300K - 350K每月上線人數	■ Facebook 用戶 國家 / 地區：台灣

台灣 台灣全部用戶	人口統計	粉絲專頁的讚	地點	動態	家庭	購買

＋ 國家 / 地區、區域或城市

年齡與性別

年齡
25 — 34

性別
全部　男性　女性

興趣

興趣 > 更多興趣
堅果
＋興趣

關係鏈

粉絲專頁

聯繫的人
＋你的粉絲專頁

未聯繫的人
＋你的粉絲專頁

進階

熱門類別

1	女裝店	小湘 x COBIE · we love Miu'S
2	手提袋 / 行李箱	Longchamp
3	護膚保養服務	Kiehl's
4	組織	STARMIMI.com
5	國家 / 地區	#nude
6	藝術家	Natalie吳斐莉
7	作者	香蕉太太MrsBanana · 荔枝兒 Liz · 蘇花猴變敗家 · QQmei
8	購物服務	a m a l · 媽咪愛團購
9	零售公司	Ann'S · Shopbop
10	品牌	Grace Gift

查看全部

粉絲專頁的讚
依據 Facebook 粉絲專頁的讚，可能與你的廣告受眾相關的 Facebook 粉絲專頁。

粉絲專頁	相關性	廣告受眾	Facebook	相關性
CHUU Taiwan	1	24.9K	154.9K	974x
Ct-Shop.小城市	2	27.9K	177.5K	954x
Harper	3	38K	248K	928x
YSL Beauty	4	24K	169.8K	858x
NANA MAGIC	5	31.2K	226.7K	833x

► **步驟九、透過粉絲專頁的讚，瞭解受眾**

在這個部分，是我認為最好取得素材靈感的管道之一，當你抓到了 TA 喜歡的東西，那就代表你抓住了他的心。舉例而言，我們可以透過洞察報告得知TA平常都喜歡看哪些類型的Youtuber、品牌、作家等，進而找出這些粉絲專頁常發布的內容、時事進行操作。

　　舉例而言，當時團圓堅果在研究喜愛夏威夷豆，同時又是25到34歲的年輕受眾，最近到底在流行什麼呢？結果我們發現，高達百分之三十的受眾都喜愛韓國電視劇，尤其是時下最流行的「鬼怪」，腦筋一轉，馬上設計了受眾喜愛的鬼怪系列廣告，自然觸及高達20萬，點擊率直逼30%。

章節小練習：抓出社群中的潛在TA！

1.你的產品在臉書上的標籤為哪三個？例如：堅果、健康、烘焙

2.臉書潛在受眾男女比？

3.經篩選後，受眾最喜歡的作者、品牌、粉絲專頁為？

4.社群經營時，透過瞭解消費者喜歡的粉絲專頁，可以用哪些ＴＡ常接觸的時下話題來增加觸及？

四、七招教你設計出超高點擊率的廣告素材

知道該對哪些目標受眾投放廣告後，想告訴消費者的資訊肯定是無限的，但是廣告篇幅與資源卻都有限，所以我們必須將最精簡的重點呈現給消費者，最有效率的做法就是把龐大的資訊量濃縮成最佳的視覺效果，**溝通一個主要目的**，看是要促銷，還是宣布新產品登場、周年慶。選出一個主要訴求，重點擺在文章最前面，一篇廣告絕對不可以缺少**行動呼籲Call to Action**。

 小知識：

> **行動呼籲Call to Action**
>
> 顧名思義就是告訴消費者在看完廣告之後，接下來該執行什麼動作。如果你成功吸引到消費者的目光，但是不告訴他下一步該做什麼，是要註冊會員？還是購買產品呢？假設沒有任何連結導入你的購物網站，就算他知道有限時折扣，還是沒有辦法成功轉換。Call to Action就是叫消費者去行動，像是電商就是叫消費者前往商城選購；工具型 APP 就是叫使用者下載、註冊，成為用戶會員。

我們曾多次提到，台灣臉書使用者在一篇貼文上只有三秒的專注力，不夠優秀的素材不但無法吸引用戶點擊，更不用說要獲得轉換了。反觀一個優秀的素材不僅能成功導購，更有機會引領風潮！製作好的素材需要時間嘗試，**把握底下七招，高點擊率CTR（Click Through Rate）的素材你也能上手！**

1.人臉是點擊率的保證

相較於一般圖片，有人臉的圖片能有效吸引眾人的目光，尤其是**女性**和**小孩子**的人臉。任何的行銷理論，都是建構在人類心理學的角度，目的就是要刺激人類的本能，人類的本能就是要孕育後代，因此看到小孩子就會想要去接近、保護，因此小嬰兒的圖片能促使大家停下來查看。即便消費者不清楚產品的內容，但都會看在可愛小嬰兒或是女性的面子上去點擊，**人臉成了點擊率**的保證，通常可以提升 10% 的點擊率。

2.強烈對比的圖片設計

　　從廣告學的角度來看，任何的廣告設計目的都在於抓住人類眼球的視覺中心點，一但抓住了閱聽者的眼球，自然會讓人多加留意。此種用法，可以運用於色彩以及文字排版上的對比，**強烈對比的圖片設計**達到吸引眼球的絕佳效果。以團圓堅果為例，深色的杏仁，就會以淺色為主要背景棚拍；夏威夷豆就可以用深色的場景作為背景，將商品本身的特型凸顯出來。若是太和諧的色調，很容易被受眾滑過去忽略了。

3.恐怖訴求的負面標語

　　為什麼恐怖訴求會有效？回到人類的本能，人性就是要逃離痛苦、追求享樂，所以當**恐怖訴求的負面標語**廣告出現時，就能有效吸引消費者的注意力。舉近期非常火紅的吸黑頭粉刺機為例，相較於「全日本銷售第一，世界最強去黑頭神器誕生！」，「難道你還在用效果很差的妙鼻貼清除粉刺嗎？」這類型的負面標語更能吸引人，提升點擊率。

　　還有另外一個原因，因為最強、第一等用語十分氾濫，導致消費者已逐漸失去信心，不容易吸引目光。

相對於吹捧自家產品，直接告訴受眾做錯了某件事，更能抓住受眾的注意。假設你經營咖啡電商，目標受眾是注重品味的高消費力族群，或許你能試試這樣的標語「你說你很有品味，結果你買星巴克？」利用這種方式來引以受眾的興趣，相信你不難發現負面的訴求會比正面的訴求還容易吸目光。

還在為了體重，和自己過不去嗎？

4.奇數偶數的力量

這裡大家可以做個小測試，請問折扣倒數四天跟倒數五天這兩個廣告，哪一則聽起來比較急迫，會更吸引你？想好了嗎？這是一個很有趣的現象，根據數據的統計，答案是五天的點擊率高過四天。雖然四天明顯比五天短，急迫性更高，但是在反覆測試的結果中，五天的點擊率還是高於四天的點擊率。

如果你聽過商學中的「奇數定價原理」或是「非整數定價原理」，所運用的就是同樣的概念，我想你就能容易理解。再舉個例子，英文單字裡的「奇數」和「怪異」共用了相同的英文單字「Odd」，可見大家對於奇數真的非常看不慣。利用**奇數的力量**，在排程粉專貼文時，就可以避免出現雙數天的倒數訴求，空出雙數天的倒數，改發其他種類的廣告素材，會更有效果。

這就是微妙的人類心理，人常喜歡成雙成對，所以看到奇132
數的數字就會想排除、渾身不對勁，導致點擊率更高。

133

廣告策略
七招教你設計出超高點擊率的廣告素材

5.強調功能性

如果是產品功能性很強的商品,就該直接凸顯出來、**強調功能性**。產品力強,代表你具備了技術門檻,是別人做不到的獨家技術,能夠直接和市場做出區隔,更能直接引起消費者的目光。舉例而言,當時在網路上大賣的潑不濕襯衫,強調不管如何都不用怕衣服被潑濕,更解決了流汗所帶來的困擾,掀起一波熱議。

舉堅果為例，團圓堅果在品牌成立之前，花了一整年的時間專研堅果的烘焙方式，完整保留堅果的營養，讓含水率高達7%是市售堅果的兩倍以上。因此，當產品擁有非常特別的功能，就應該大大方方地告訴消費者，並訴說這項產品能為消費者帶來什麼樣的效果。

含水率13%
新鮮不上火
（含水率＝水分含量）

6.新聞類型廣告

台灣民眾從小受媒體環境影響,非常容易被新聞報導所吸引,只要看到類似新聞的影音資訊,就一定會去注意相關版面。因此,善用**新聞類型廣告**,能大大吸引消費者的目光進而點擊了解,這也跟台灣被新聞淹沒的情況有關。

最經典的案例就是多年前i3Fresh生鮮電商主打的「比臉大的牛排」,就用新聞形式的廣告行銷包裝,讓消費者一看到類似新聞的影片,就產生「難道最近又有狂牛病了嗎?」「難道政府要開放美國牛了嗎?」的疑問,馬上就點擊進入網站一探究竟,也創下十分可觀的高點擊率。這就是利用消費者對於新聞形式的依賴,打著消費者要了解新聞時事的主意,達到商品的曝光,再利用強大的商品力,達成轉換目的。

類似的操作手法也包含了「橙姑娘梅精道歉記者會」等經典案例。

7.請跟緊時事

善用時事可以大幅提升貼文點擊率，更是社群高互動率的票房保證！相信這樣的廣告形式你一定不陌生，在台灣總統大選時，政治人物的口號「ONE TAIWAN」就被業者改成「ONE PRICE」的廣告訴求，不但造就了高點擊，更讓消費者會心一笑，忍不住標記好友、分享這篇貼文。

網路熱賣商品「咔拉脆蝦」更靠著阿帕契事件的時事梗，讓廣告點擊成本足足下降了三倍，大幅提升投資報酬率。還記得上一小節所分享的「鬼怪」廣告成功案例嗎？團圓堅果就搭上了韓劇「鬼怪」風潮，貼文點擊率高達25%，更讓網友瘋狂轉貼。

身為電商經營者，就必須了解消費者都愛看些什麼、關注哪些類型的時事議題。**請跟緊時事**，一有機會就該抓緊時事不放，想盡辦法操作時下議題。

時事也可以是系統或是平台所更新的服務及功能。舉例而言，隨著影音世代的來臨，臉書在更改演算法後非常鼓勵使用者上傳影音資訊，觸及率相較一般圖片貼文都還要高上一成以上的自然觸及。當然，更主要的原因是使用者相較靜止的圖片，更喜歡活潑生動的影音內容。

除此之外，大家還記得美國總統大選那年嗎？臉書於2016年開放新功能，讓用戶們可以使用讚以外的心情跟貼文互動，粉絲團紛紛發布貼文，請大家投票選邊站，因為新功能大家想嘗鮮，點擊率非常容易就提升至20%。更精確的解釋，這種貼文帶來兩種好處：自然觸及與互動率的提升。

小技巧：動態圖片、影片更吸睛

除了用影片增加點擊率之外，提供大家一個實用的網站 Flixel，該平台可以將靜止的圖片變成動態圖像，大幅提升吸睛程度。在影音的時代中，普通的圖片只能帶來平平的效益，而 Flixel 就能讓圖片「動起來」。吸睛的動圖跟一般圖片素材相比，動圖更容易擁有高點擊率 ，這就是運用科技的技術來輔助你的商機。

譬如甲跟乙的對決，哪一個好呢？請用心情來決勝負！這種比較性質的貼文，再次引發消費者的心理本能，勾起人類競爭的本性，總希望自己的想法獲得大眾認同，因此迫不及待投票選邊站。每當一位使用者和貼文進行互動或留言，他的 10% 臉書好友就會觸及到此貼文，引發環環相扣的競爭心態！也因此，這種叫受眾做出選擇且沒有什麼代價的貼文，往往能吸引大家的目光，增加貼文點擊及互動率。

　　另一個經典案例莫過於臉書直播功能了，從以前只有藍勾勾的名人可以直播，到現在人人皆是直播主。這樣的變革促使網路社群進入影音時代，很大一部分就是因爲臉書推出這樣的新功能引領風潮。所以請切記，每次臉書在改演算法或釋出新功能時，一定要搭上潮流便車，畢竟當臉書推出自家新功能，一定會積極推廣，你的粉絲專頁貼文、活動必會得到意想不到的高成效與曝光。

五、Facebook廣告實操攻略

　　在這個章節，我們要教大家如何操作 FB 廣告後台，學會建立一篇最基礎的廣告。打開臉書的廣告後台，可以選擇廣告的目標，建議可以先從增加流量下手，優點是廣告速度比較好控制，不會失控，成本也比較低；熟練之後可以嘗試網站轉換次數，優點就是可以獲得更低的轉換成本。

　　在準備廣告素材的時候盡量不要預設消費者的立場，要不斷用不同的廣告組合去測試你的受眾，重複切割找到最精準的客戶。舉例來說，20歲到25歲的客戶喜歡的素材絕對不會跟25歲到30歲的客戶是一樣的，這邊可以先切一刀，再來20歲到23歲也可以從性別區分，或是從教育程度、使用語言、家庭組成來做切割。

　　一開始一定是大範圍的設定，接下來再往下細分，每個組合可以投遞三種不同的廣告素材，反覆測試並驗收成果，就能找到最精準的客戶並且素材也是他們最想要看到的。所以一定要做好客戶受眾的切割，不要太早預設他們的立場。

在我們開始實際建立廣告之前,先來了解Facebook廣告的計價方式吧!

◎一次搞懂三種網路廣告計價方式

任何廣告都需要成本,在網路上投放廣告當然也不例外,身為電商經營者,你必須知道能幫助公司拓展業務的工具該如何計價,才能從中選出對自己最有利的方案。

依照不同的廣告目的與需求,主要的網路廣告計價可分成兩類三種:若想要爭取曝光,拓展品牌知名度,就使用**曝光計價CPM或點擊計價CPC**;若不需要品牌曝光,只想要快速轉換,有實際營收的話就使用**轉單計價CPA或點擊計價CPC**。

1.爭取曝光

此類型的廣告計價著重在快速曝光,臉書會在你設定的預算內,積極地在用戶的介面中爭取曝光,其計費方式分成以曝光次數計價的 CPM 與以點擊次數計價的CPC。

（1）每千次曝光成本計價CPM（Cost Per Impression）

當品牌成立初期，不建議使用此種廣告計價方式。通常使
用**每千次曝光CPM成本計價**，是品牌主或是企業需要強力播送
廣告的時候，或是廣告素材非常吸睛，扣緊時事，就可以考慮
以曝光成本計價的廣告模式。所謂廣告曝光計價就是「每一千
次展示廣告所需的成本」，在台灣平均價格在一百五十元上下。

例如總廣告費十萬元，如果CPM為一百元，廣告曝光量就
是一百萬次，運算方式如下：

100000÷100x1000=1000000

對於購物網站來說，廣告曝光計價必須留意點擊率好不好，
如果點擊率太差，花費的每一個點擊成本將大幅提高。假設每
千次廣告曝光會有10個人點擊 CTR 即為 1%，若CPM為一百
元，一個點擊成本就是十元。

(2)每次點擊成本計價CPC（Cost Per Click）

每次點擊成本計價的意思就是，當受眾每次點擊廣告時收取廣告成本，廣告被點擊次數愈多，廣告主就要支付愈多的廣告成本。但要注意的是，FB不是在受眾點擊後才收取費用，他會在你的出價範圍內（預算）替你爭取曝光，預算越多曝光程度越高。

所以當臉書嘗試曝光，卻仍沒有點擊時，一樣會收取費用。如果廣告素材不佳，即使高曝光仍沒有點擊時，每次點擊的成本就會很貴。因此，好的廣告素材非常的重要！

點擊計價的好處在於能夠嚴加控管預算，臉書會從低價到高價慢慢幫你嘗試，在怎樣的價格能得到更多的曝光，在調整的過程中，幅度是小的，每次調整的點擊籌本可以控制在個位數左右，如果是**轉單計價CPA（Cost Per Action）**的話，一次調整的級距就可能超乎預期。

計算方式為，假設投入一萬元，結果總共有一千人進入網站瀏覽，平均一個點擊的成本就是十元。

2.爭取訂單

爭取訂單的廣告計價方式就是「訂單計價」，當你已經清 楚掌握消費者輪廓、有了完整的受眾名單或是不需要擴張品牌知名度，只是需要快速的把產品脫手，接近炒短線的模式的話，轉單計價會是個好選擇。

(1)轉單計價（Cost Per Action）

以CPA下廣告代表願意用某筆預算去達成一筆成功的轉換，臉書會幫你找出最可能購買的人，在他們身上作曝光。

如果你已掌握到明確的消費者輪廓和目標受眾，且品牌曝光不是主要重點，著重在快速取得收入，選用「轉換次數」進行廣告目標是個好選擇。

電商世界中一筆訂單轉換價格平均位在300~500塊，相較於以CPC計價的模式，臉書每次調整出價的級距較高，往往一個不注意就會出現天價般的轉換成本。所以無論使用哪種計價方式，每日監控廣告是件非常必要的功課。

搞懂臉書廣告的計價方式後，接下來就讓我們一起實際建立廣告並了解後台的基本操作吧！

✳️ 小提示：

> 路徑：路徑：建立廣告 ➝ 廣告管理員

實戰演練：建立一篇專屬於你的臉書廣告！

● 在行銷目標選擇時，建議初學者選擇「流量」做為廣告投放依據，優點在於預算相較「轉換次數」好操控，也可以用較低的測試成本進行 A/B Test。建議大家大概抓到消費者輪廓以及明確的受眾時，再選用「轉換次數」作為行銷目標，可以更有效率達成成交轉換。

● 在建立新受眾的過程中，選擇目標受眾的所在地，大至國家，小至方圓一公里。值得一提的是，地點可以選擇「位於此地點的所有人」或是「居住於此地點的所有人」進行受眾的鎖定。例如，如果我只想針對台北人投放廣告，我可以選居住於此地點的所有人，排除目前暫時位於台北市的觀光旅客。

✎ 小提示：

在此部分的第二個重點便是「自訂受眾」了，我們將在下一小節詳細帶大家操作相似受眾（Lookalike TA）的建立流程。

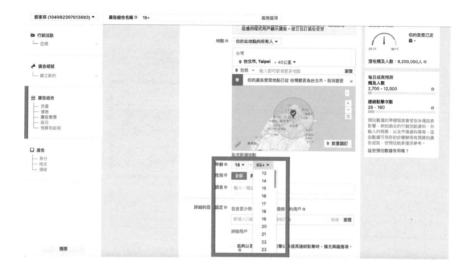

● 在年齡的選擇時，務必針對不同的族群投以不同的廣告素材及組合，這部分在第二章一再強調。

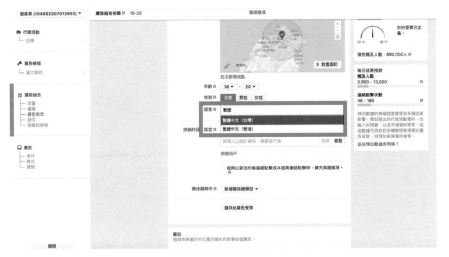

　●　很多人時常問我，為何在投放廣告的時候，即便我選擇了居住在台北市的受眾，為何還是會有很多外國人點我廣告的讚呢？原因是「語言」，想想看，是否會有外籍學生、移工長期定居台灣的可能性呢？答案是肯定的，因此如果你只想針對台灣人投遞廣告，在語言的地方請選擇「繁體中文」。反之，如果你的目標受眾就是長期定居在台灣的外國人，在語言的地方便可設定他國語言。

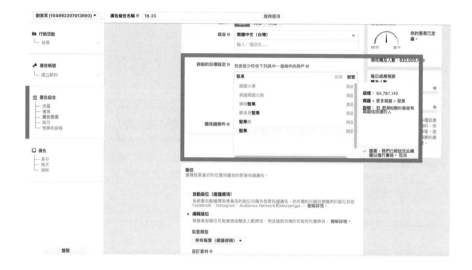

- 在這個步驟便是選擇受眾身上帶有的「標籤」進行設定,例如:興趣> 堅果、人口統計資料> 單身、行為 > Facebook 付款用戶。透過這些標籤的設定、測試,不斷找出屬於你產品的精準受眾。

● 此外，你還能利用「交集」、「聯集」以及「排除」的概念篩選目標受眾。例如：同時興趣為「瑜珈」且也要喜歡「堅果」，但是感情狀態不能是「單身」。

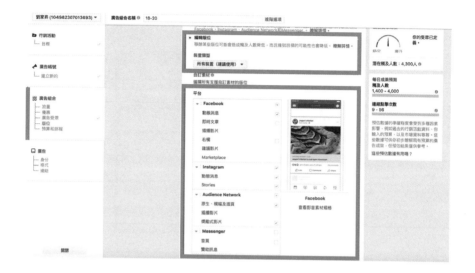

● 在版面部分，後台預設的廣告版位會是「自動版位」，但千萬不可以在
這一步驟偷懶，一定要依照不同的廣告類型做設定。

在Facebook平台的部分，主要導購廣告選擇「動態消息」是最合適的，推薦初心者在還不熟悉臉書廣告投放時，把預算和重心放在「動態消息」即可。其他再行銷類型的廣告，選擇CPM很低的「即時文章」或是「右欄」會是不錯的選擇。

此外，如果你的目標受眾年紀介於20-25歲，非常建議將預算分配到Instagram，因為Instagram將近五成的用戶都是25歲以下的年輕族群，例如：大學生必備課表Colorgy、新世代社群軟體Dcard，都曾創下每次下載轉換成本不到一塊錢的紀錄。

最後，建議各位可以直接忽略Audience Network，這類型的廣告最常以全幅廣告的形式出現，他看似點擊率很高，但實際上大多都是使用者誤觸，因此沒有必要將預算花在沒有實質效應的點擊上。

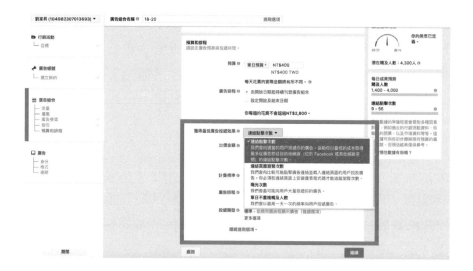

- 在「獲得最佳廣告投遞效果」這部分，朋友最常問我的問題不外乎就是：到底要用點擊次數計價，還是曝光次數計價呢？以下我將詳細和各位解釋。

◎ CPM、CPC 哪個好？用數字替你精算！

廣告素材**點擊率CTR（Click Through Rate）**非常高的情況下，選用CPM計價模式較佳。

假設今天我們的素材成效非常好，點擊率很高，每千次廣告曝光會有200個人點擊，CTR即為20%，若CPM為一百元，一個點擊成本就是0.5元。

同樣的條件不變，假設以CPC計價模式，一個點擊臉書收取1元的廣告成本，此時因為你的點擊率非常高，因此廣告在曝光時，消費者非常容易被吸引點擊，因此我們可以得到：

CPM÷每千次廣告曝光點擊人數<CPC時，你可以考慮用CPM的方式計價。

從點擊率的面向來看，假設兩組不同的廣告素材，一組是CTR很高的好素材，一個是普通的素材。在同樣商品相同的轉換率下，用不同的廣告計價方式就會有不同的成果。

首先是以CPM計價：

假設優秀素材的點擊率是20%，現在平均的CPM是200元，我們可以算出

 20%

1000 曝光 X 20% CTR = 200 次點擊，
共花了 200 元的廣告成本獲得 200 次的點擊

普通素材的點擊率大約在5%左右，一樣CPM是200元，可以得到

 5%

1000 曝光 X 5% CTR = 50 次點擊，
共花了 200 元的廣告成本獲得 50 次的點擊

接著用一樣的數據以CPC來計價：

目前電商平均的CPC在2元上下，以獲得同樣點擊次數來看，優算的素材有20%的點擊率，可以算出

  20%

1000 人 X 20% CTR = 200 人點擊
200 次點擊 X CPC 2 元 =400元，
共花了 400 元的廣告成本獲得 200 的點擊

一般的素材則是

  5%

1000 人 X 5% CTR = 50 人點擊，
50 點擊 X CPC 2 元 = 100 元，
共花了 100 元的廣告成本獲得 50 次點擊

　　精算後，我們能明顯的看出來，擁有高點擊率的優秀素材，如果以CPM計價，200元的廣告成本獲得200次的點擊；同樣拿CPC計價，200元的廣告成本只能獲得100次的點擊。因此在這樣的情況下，選擇CPM計價較爲划算。

　　比較低點擊率的普通素材，如果以CPM計價，200元的廣告成本獲得50次的點擊；同樣拿CPC計價，200元的廣告成本卻能獲得100次的點擊。因此選擇CPC計價較爲划算。

　　此外，如果你相當用心準備影音素材，是有機會擁有更多自然觸及的，這時候下CPM的廣告，效果有時會遠遠超過你的想像。

　　反之，經過計算，我們能了解到若是點擊率沒有超過一定水準的**普通素材**，就用CPC來計價才比較划算。

N

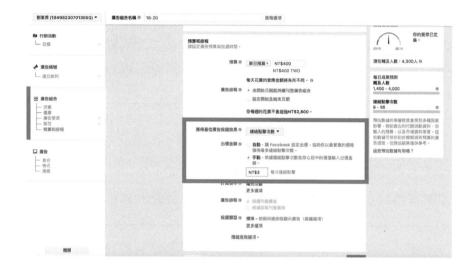

● 不得不說，臉書為了賺取更多的廣告費，不惜手段將「出價金額」欄位藏的非常隱密，甚至還讓廣告後台自動出價，一不小心廣告費就瘋狂飆漲。因此，在這個部分大家務必要選擇「手動出價」控制預算，我會建議各位先從每次點擊3-5塊出價，如果廣告跑不動才調高預算，同時A/B Test優化廣告組合，保留成效最佳的廣告組合。

設定完後，點選繼續進入廣告素材的設定。

●　最後，你將會在廣告刊登的部分依指示選擇格式類型、上傳廣告素材、轉寫文案以及目標網址設定。當上述步驟都完成後，就成功建立一則廣告啦！

實戰演練：建立相似受眾Lookalike Audience！

我們在第二章藉由搜集展場名片的例子和大家分享相似受眾（Lookalike Audience）的概念，如果你手上已經有用戶的相關資料，就讓我們一起找出臉書中與你手上名單 1%～10% 的相似受眾吧！

只要有電子信箱、手機，就能丟進FB運算。

🎇 小提示：

路徑：路徑：建立廣告 ➜ 資產 ➜ 廣告受眾

f ☰ 受眾

劉家昇 (104982307013693) ▼

觸及你最重要的客群
建立並儲存廣告受眾，以觸及對你的公司相當重要的客群。 更多詳情

自訂廣告受眾
透過自訂廣告受眾，能夠與對你的公司或產品感興趣的客群聯繫。你可以從客戶聯絡人、網站流量或行動應用程式來建立廣告受眾。
建立自訂廣告受眾

類似廣告受眾
觸及和你最重要的廣告受眾類似的新客群。你可以依據對你的粉絲專頁說讚的人、轉換像素或任何現有的自訂廣告受眾，建立類似廣告受眾。
建立類似廣告受眾

儲備廣告受眾
儲存最常使用的目標設定選項，以便之後輕鬆再次使用。你可以選擇人口統計資料、興趣和行為，然後加以儲存，以便在之後的廣告中再次使用。
建立儲備廣告受眾

● 來到「廣告受眾」後，選擇「建立自訂廣告受眾」開始上傳現有用戶名單。

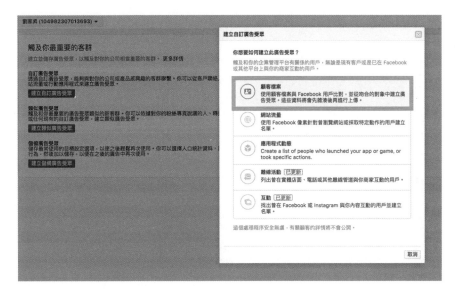

● 選擇「顧客檔案」。

- 選擇「從自己的檔案新增顧客，或是複製並貼上資料」。

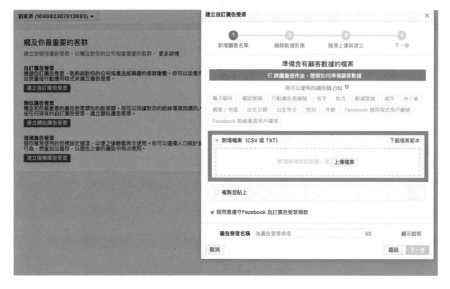

● 在這個步驟，你會發現後台有兩種上傳用戶資料的方式，這裡要注意的是上傳用戶資料的檔案類型，只能是.CSV檔或是.TXT檔。接下來，就讓我們一起準備好顧客資料吧！

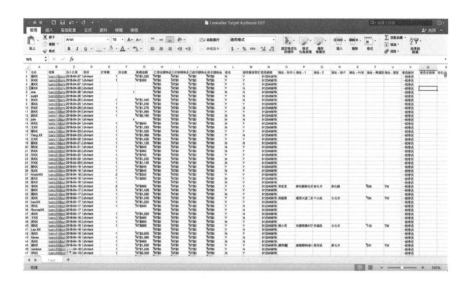

● 打開你的用戶資料，顧客資料的來源可以是「過往訂單」、「潛在消費者的問卷資料」或是「註冊會員」的資料明細。照常理來說，你會擁有顧客不只一項的個人資料，例如：「姓名」、「手機」、「Email」、「生日」、「消費金額」、「品項」等。

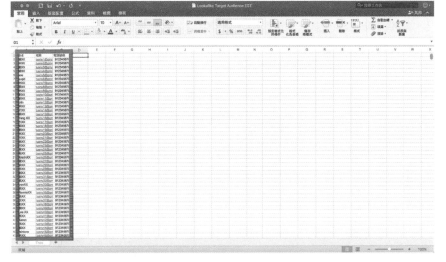

● 由於臉書用戶在註冊成為會員時，都必須填寫「姓名」、「手機」、「Email」等，因此臉書後台只要有以上資料，就可以追蹤到受眾在社群中的資料，因此顧客名單只需上傳以上三項即可。

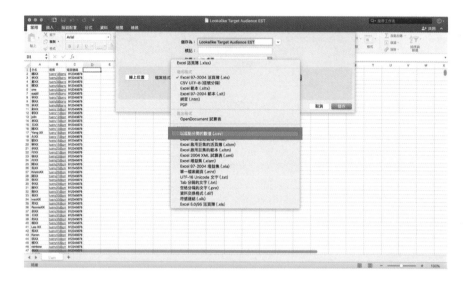

- 整理好檔案後，將顧客名單另存新檔為.CSV檔。

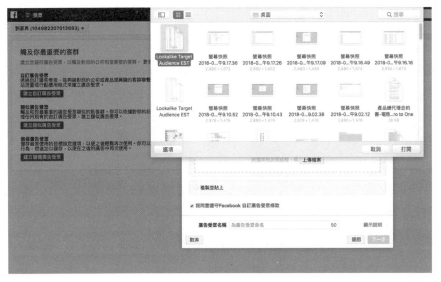

● 回到廣告後台,將剛剛建立好的受眾名單.CSV 檔上傳至資料庫。

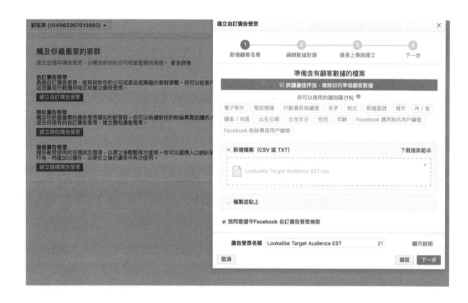

- 確認資料上傳，點選下一步。

● 資料上傳後，臉書會自動比對所上傳的項目，這時預覽並確認資料無誤，即可上傳並建立自訂廣告受眾。

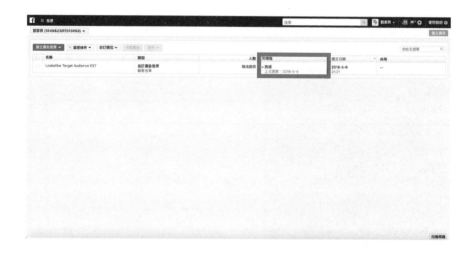

● 完成上傳後，後台於可用性欄位會顯示「完成」，即代表自訂廣告受眾
成功。

● 緊接著,我們就要進行下一步「建立廣告受眾」,點選左上角按鈕並選擇
「類似廣告受眾」。

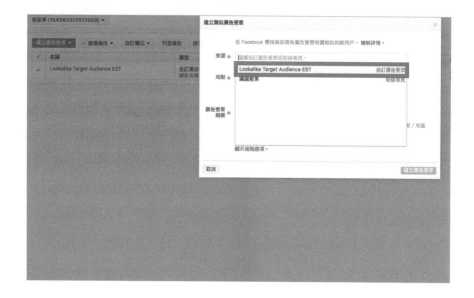

- 「來源」選擇剛剛上傳的用戶名單。

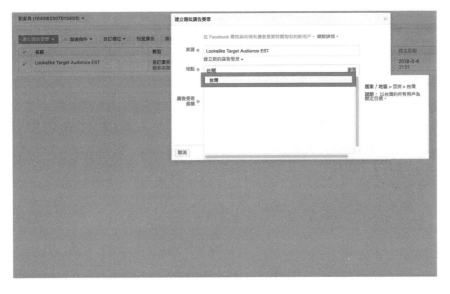

● 「地點」選擇目標受眾的所在地，一般情況為台灣本地。

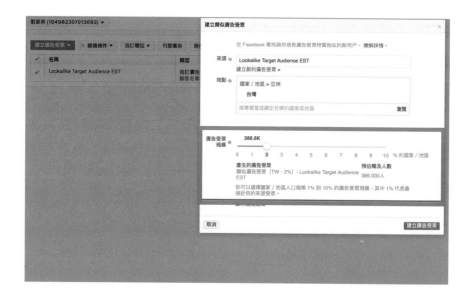

● 「廣告受眾規模」即是你想要建立消費者輪廓交集的範圍大小，可以是
受眾的1%~10%，詳細概念請見第二章。

● 當「類似廣告受眾」可用性顯示完成，即大功告成！接下來就可以利用相似受眾（Lookalike Target Audience）名單來刊登廣告。

六、平均客單價Average Selling Price

學會操作廣告之後，訂單數勢必會逐漸成長，關於**平均客單價ASP（Average Selling Price）**亦是一個相當重要的指標。

在現今電商激烈的戰場當中，如果平均客單價低於一千塊，那是非常危險的，可能會面臨營運困難的考驗。也因此，提升客單價是電商非常重要的課題之一。在點擊率和總流量不變的前提下，提高ASP就是提升營收的最佳方法。只要把月（日）總營業額÷訂單數就能算出平均客單價ASP，也就是消費者購物時，平均一筆訂單花了多少錢。試想你花了一筆350元的廣告費，將顧客引導至網站促成購買，在廣告成本不變的情況下，若能將訂單的金額疊高，就能創造更多的利潤！這看似簡單的一句話，背後卻隱藏了許多功夫和技巧。營收卡關了嗎？跟著以下幾招，一起提高平均客單價！

◎盤點五訣竅，提高ASP難不倒

1.滿額禮、集點活動不手軟

　　提供可愛實用的滿額贈禮不但有效提高ASP，更能讓顧客為了拿到贈品再多花一筆錢。祭出集點換贈品的活動，成功帶動一股購物風潮，像是最早統一7-11，消費單筆滿77元就送點，集滿後便可兌換各式各樣的小贈品，在當時可說是絕佳的行銷活動。即使到了現在各大連鎖商店、飲料店都仍有集點活動，集點活動簡單也很直覺，但重點是要推出會讓TA會感興趣的贈品，讓TA想要主動收集、兌換，這不僅能提高ASP，更能提高回購率，需要購買同質性的產品時，消費者馬上就會聯想到品牌，雖然是簡單有效的方式，但這些都還是建立在你對消費者輪廓的了解，了解越多，拿出的贈品就更有機會打動消費者。

2.善用組合銷售、加價購

組合銷售也是相當常見的銷售策略,當有單一品項販售的價錢作爲對照,組合銷售通常更能吸引消費者的目光,很容易就促成消費者的衝動購物,購買比平常還要多的東西。

譬如顧客看上了一雙2,300元的運動鞋,結帳前被告知只要再加299元就送原價599元的機能慢跑護膝,因爲產品性質相當且價格實惠,消費者就有很大的機率進而購買;再舉個例子,電視單價15,000、家庭劇院單價11,000,你就可以打出組合價24,000方案,讓原本只考慮購買單項商品的顧客,因爲組合銷售的搭配,認眞考慮是否一同入手,達到提升ASP的目的。

運用以上銷售策略時,必須注意組合搭配是否適當,加購及搭配產品通常都須以高關聯性的商品做結合,屬於同群 TA感興趣的產品,例如堅果與眞空罐、衣服跟首飾、牛奶跟麥片、紅酒與酒杯等等,才能有效提升ASP。

3.用明星商品帶入更多購買

之前有提過好的電商都會有一件擁有高曝光、高話題性的 「明星商品」，不妨利用這件明星商品當作導入流量的工具，先吸引消費者進入網站，再利用上述銷售技巧，促使消費者對其他產品產生購買興趣，就有機會提升客單價。例如，獨角獸的明星商品「臀膜」，雖然臀膜並非獨角獸營收的主要來源，卻是為官網帶來流量的最主要明星商品。

此外，更經典的案例7-11就是很好的帶路雞戰術執行者，7-11提供多角化的服務，諸如：繳費、訂票、寄件、取貨通通都能在超商處理完成，只要消費者進入商店就有轉換的機會，這也是為何你常看見憑繳費收據，即可享某項商品買一送一。在清楚了解消費者輪廓的前提下，只要有客流量，提高客單價就不是件難事。

妥善運用帶路雞，就能把徘徊不決的顧客通通導向你！

4.精算免運價格

免運門檻一直是電商要去拿捏的課題，門檻過高過低皆會吃虧，團圓堅果也是嘗試多次之後才找到適合品牌的免運門檻。我歸納出的重點就是了解消費者的購買習慣，免運門檻的訂定自然會有頭緒。

假設顧客來選購堅果，平均每個家庭一個月的堅果食用份量為三罐，一罐380元，免運門檻就可以訂1200元，讓顧客再多湊一罐疊高客單價。如果毫無根據，為了省下運費成本，要十罐才免運，會有人心動嗎？相信是不會的。

在TA消費能力可及的範圍裡，讓顧客產生「可惡！差一點免運，不然我再買個什麼好了不然好虧哦。」的心態，進而再多帶一項商品回家，這也是免運門檻迷人之所在。同時，更可以運用之前所講的策略，推薦消費者實惠的高關聯性加購商品，消費者非常容易為了免運，把東西全部帶走！如此一來很簡單就能有效提高ASP！

5.用VIP待遇善待忠實顧客

消費者在網路選購時，或多或少都會考慮有好感或是熟悉的品牌，好好經營這些對自家品牌有好感的顧客，只有好處沒有壞處。然而，這也是所有電商一致努力的方向——經營品牌。

讓消費者對品牌產生好感的方式有很多，例如在生日時送上祝福，提供優惠；新品上市時給予搶先體驗；在包裹中送上親手寫的卡片，讓忠實顧客感受到特別待遇，提供VIP的特殊服務，促使他們不斷回購。

甚至在所經營的社群中，主動與顧客互動，建立起互信的朋友關係。過往與顧客的互動，大多以客為尊，但現在以客為尊反而讓人覺得不親近，建立良性溝通、互信互惠的朋友模式，是現在粉絲經營的大方向。

從小處著手建立人與品牌連結性，就能有效取得顧客的信任，在與TA互動時，不能抱著銷售的心境，嘗試站在他們的立場，說他們的話、用他們的詞、跟他們呼吸一樣的空氣。只要顧客成為鐵粉，提升他們的ASP就不會是件難事了。

七、分層管理顧客，差異化管理提供精準服務

　　客戶關係管理CRM（Customer Relationship Management）是電商經營會員非常重要的課題之一，大多數的網路賣家往往忽略顧客分層的重要性，或不知從何開始。當顧客資料量還不大時，就該嘗試執行顧客分層管理，從簡易的顧客管理慢慢上手，才能在短時間內迅速擴張。

　　客戶關係管理CRM是企業針對維繫長期顧客關係的管理方式，達成吸引新客戶、保留舊客戶的目的，透過一對一營銷原則，滿足不同客戶的個性化需求，提高客戶忠誠度和回購率[4]。但要達到有效的顧客管理分層，必須分析顧客資料才能量身打造適用品牌的維繫方式，如果沒有太多時間研究，建議先簡單把顧客分成以下四類群組，即可做出差異化行銷與客製化服務。

1.衝動型顧客－易受刺激的一次性消費

　　因為折扣、促銷方案才上門的顧客忠誠度往往不高，衝動型的顧客也不完全是好的TA，但他們卻是營業額持續成長的關鍵。這群人通常是因為逢年過節，有了需求在走馬看花的情況下，碰巧遇見了你，也許被你的廣告打中，進行第一次消費，又或是在與其他品牌聯名時，因緣際會之下認識你，進而產生購買。團圓堅果在2018年與熱門角色貼圖－胖胖蕉合作，推出聯名禮盒，成功地讓雙方粉絲互相導流，增加了一批新的粉絲。

　　雖然這群衝動型消費者，忠誠比例不高，但有了這群因特殊活動或節慶而湧入的顧客，讓我們擁有大量的會員基數，進而有了更多機會讓這群顧客升級成忠誠粉絲。

　　這群一次性購物的衝動型顧客，就能歸類成一組，慢慢培養成為持續購買的忠實顧客。可以使用累積點數、回購金或加價購的方式，不定期主動聯絡他們，增加購買機會讓這群衝動的顧客再次前來消費。只要他肯消費第二次，轉變成忠實粉絲的機會就更大，有二就會有三、四、五！

2.觀望型顧客－加入會員未購買

　　既然都已經加入會員，代表消費者對於你的產品有一定的興趣，有很大的原因是他尚未決定到底該購買什麼產品或是組合，這時你可以主動聯絡消費者，提供建議或是優惠組合供他參考。

　　此外，觀望型顧客也有可能是因為不可抗因素而沒有購買，相信你一定也有類似經驗，上班通勤正準備要下訂單時，捷運車門就打開了，只好匆忙關掉網站下車；另一種情況是，上班上到一半，想趁午餐時間前逛一下網拍，正當要結帳時主管突然出現，慌張的你只好急忙關掉網站繼續工作。上述這類型的消費者，都已經確定要下訂單了，卻因為不可抗之因素放棄購買，此時只要透過臉書**像素（Pixel）**追蹤碼鎖定這群受眾，所需的再行銷成本，只需要拓展新客群的五分之一！錯過這群客戶，就等於放棄投資在他們身上的成本！

⬡ **Facebook像素（Pixel）**就是一串程式代碼，用來追蹤事件，例如查
看網頁內容、搜尋、加到購物車等，讓你能了解消費者的一舉一動，更可以
在短時間內以最有效率的方式建立廣告活動的受眾。

　　另外一種加入購物車卻遲遲不購買的消費者，往往造成的
原因是購物流程的缺失，這時你應該去了解顧客的購買流程，
究竟是在哪個步驟讓他跳出了，了解之後就能優化。舉例而言
，團圓堅果最常遇到消費者因為刷卡問題，而放棄下單，這時
候你只要客服聯繫消費者，詢問他要不要使用貨到付款服務，
就可以成功轉換訂單。

　　透過這類會員，能幫助實際了解網站不足之處，完成優化
後，趕快寄封郵件把他們抓回來吧！

3.體驗型顧客－加入會員並少量購買

擁有這一群體驗型顧客是非常基本的，他們是消費者中的中堅分子，在培養成粉絲之前，都是有了第一次購買才會認識你的品牌。

下一步，就是讓他們感受品牌的魅力與獨特處，吸引他們持續光顧。不只要定期主打網路活動，更要向這群會員做針對性的活動及服務，才有辦法讓他們變成頂層的高消費粉絲。舉例而言，分析這群顧客的客群與職業，是教師就舉辦教師節活動，是學生就辦開學季。在相對應的節日中送出專屬優惠，提升品牌印象與好感度。

團圓堅果首先就是鼓勵他們加入Line@，推波相關資訊並和顧客成為朋友，顧客亦能藉此直接和客服連絡，得到最直接的解答，慢慢地增加這群顧客的黏著度。與衝動型顧客不同的是他們的購買通常具有目的性，不受節慶或促銷所影響，比起衝動型顧客相較了解品牌一些，通常都會有意想不到的收穫。舉例：顧客購買少量產品，其實是為了將來的婚禮做規劃，當品牌和顧客成為了朋友，未來婚禮小物的選擇，品牌便成為了消費者心中的不二人選。

4.忠誠型顧客－持續性的回購

　　忠誠型顧客，是電商的衣食父母，在前個章節我們探討過**八二法則**的重要性，忠誠型顧客無疑是穩定銷售額的基礎，除了不斷地回購之外，更有口碑發酵的作用，是品牌最佳的宣傳代言人。當忠誠顧客持續增加，代表著營收結構更加穩固。因此，除了花心思把其他三類粉絲培養成忠誠型顧客外，對於這類顧客便要有VIP級的待遇，祭出不同於其他顧客的商品行銷方案，才能漸漸提高ASP，創造高營收，持續保持顧客的高回購率，建立良好而緊密的顧客關係。

　　團圓堅果就會將這群忠誠型顧客加入一個私密的VIP社團，裡頭會發布最新的優惠資訊，更時常與顧客真實地互動，除了新品發表試吃外，更主動邀請他們進行電訪，以忠誠顧客的建議作為參考項目，讓他們感覺自己的意見被重視，認為自己是非常特別的，是能跟著品牌一起進步，一起把好東西推薦給所有需要的人。最經典的案例莫過於提提研面膜所經營的提提研究所，創造超強大的忠誠顧客社群網。

接下來，就是不斷的Try And Error

當顧客分類管理做好後，接下來就可以嘗試接觸其他未開發受眾，對不同的客群投放不同的廣告，並且不斷優化廣告組合，若廣告成效表現地非常好，就可以保留廣告組合、優化新素材、擴大受眾測試；如果組合成效不好的話，可以選擇撤換廣告、優化購買流程、優化廣告素材或是重新尋找受眾、調整商品。

要特別注意的是CTR高不代表就會賺錢，必須去檢視每一筆訂單的CPA，把投報率低的方案暫停，並將更多資源提撥給投報率高的廣告組合，不斷地反覆調整才能找到高利潤的最佳組合。

廣告不是萬靈丹，成功的行銷不但仰賴強而有力的產品，更需有效吸引消費者目光的優質廣告素材。此外，由於廣告會使品牌快速曝光，不僅是優點，連缺點也將一併被消費者放大檢視，如果產品差強人意卻不斷投放廣告，只會加速品牌滅亡。用心經營品牌，創造出獨一無二的產品才能促使消費者不斷回購，藉此逐漸降低廣告費用支出，創造出永續的自然回流，品牌才能漸漸打出好口碑。

八、台灣網路廣告現況

　　在本章，我們主要介紹了 FB 的廣告投放以及網路廣告相關的基本知識。所有人都知道，廣告是讓商品擴張，把客源導入的必要手段，但根據統計，在台灣投入廣告的成效中，有六成的廣告主不滿意廣告成效，業者花時間花金錢投在廣告上，卻拿不回他期望中的報酬。

　　把這些廣告效果差、心裡不舒坦的廣告主拿出來仔細分析，可以發現三成的人都只有用粉絲專頁來推動廣告，兩成的人只用了購物商城或是電商平台。所以我們可以發現高達半數的人只用了單一平台進行廣告銷售，這明顯的告訴我們只有一個平台去做銷售是絕對不行的。

　　很多人都只用了Facebook粉絲專頁當作自己的官方網站，顧客能夠認識商品的管道只有一種，假設某一天Facebook不再支援這個功能，你的收入就會完全歸零。所以必須製作一個屬於自己的官方網站，將投出去的廣告導入主導權在自己手上的網站。達到分散風險的效果。

　　而商城型的購物頁面大部分的主控權不在自己身上，沒辦法檢視流量，是一個沒有辦法掌握主導權的方式。更何況商城中同類型的產品，會被消費者一直拿出來比價，大部分都只是走馬看花，因此商城的投資報酬率很低，難抓到忠實的顧客。

　　在我綜合比較之後，在FB投放廣告，雖然對於新手是最容易獲得第一批新客的方式，但雞蛋不能放在同一個籃子裡，自營官方粉絲團之外，也要經營官方網站，尤其是在臉書粉專觸及率不斷調降之後，多管道的經營就變得更加的重要。

　　對於消費者來說，FB廣告成功轉換是被動的購買，也許廣告投到了精準的消費客群，但他們是被動的接收廣告。相比之下，在Google引擎上是顧客主動進行搜尋，消費者的動機已經確立。購買的意願就會大幅提升，所以深耕關鍵字才是永續經營的好方法。不僅僅是關鍵字，網路的工具很多，在下一章，我們會介紹除了能獲取新客的FB之外，還有什麼其他的管道能夠經營電商！

Ecommerce
Zero to One

數位行銷

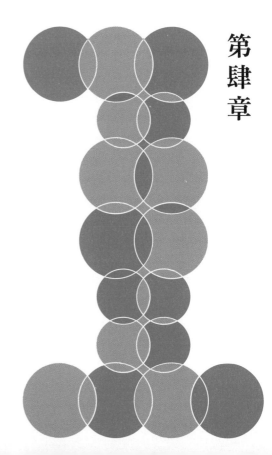

第肆章、數位行銷

　　上個章節提到的是運用社群工具找出粉絲並用心經營，再透過優化廣告、數據去進一步提高流量以及營收。

　　但社群操作在我個人定位中，只是取得新客的手段，培養第一群新客之後，就該著手於開發不同的流量管道，受眾可以在很多不同的地方看見你，就是讓網站成長的關鍵。所以本章節會介紹如何利用多管道的行銷好好調整自己的電商體質。

◎流量，讓網站川流不息的能量

　　要搞好電商就一定要搞懂流量是怎麼一回事，流量簡單來說就是經營的網站所獲得的瀏覽數，一個網站的瀏覽數多，顧客能接觸商品的時間就越長，訂單轉換就會提高，就能得到利潤。

　　所以說：「流量是電商的地基」，在制定行銷策略時，也常常以提高流量做為發展目標。我們可以簡單把流量分成兩個類別：「自然流量」以及「付費流量」。

　　兩種流量有不同的來源，形成原因也不同，如何調配二者之間的完美比例，就是值得精進的工夫，接下來的小節會帶你看看兩種流量的異同與優缺。

(1)自然流量

自然流量就是指沒有經過廣告導入、行銷手法等方式，讓消費者自然而然地在網路上找到你，所以網站的「內容」，就是獲得自然流量的重點，產生內容的方式很多，可以透過多管道的經營品牌，諸如臉書、LINE、部落格、自建官網、影音平台等等，在不同的平台上經營目標客群所需要的內容，讓消費者從四面八方來，因為實用的內容而產生「自然流量」。

「自然流量」的好處是你可以分擔付費流量帶來的成本壓力，更可以用這些精實的內容來吸引第一群基礎粉絲。當「自然流量」越來越高，就代表品牌的知名度已經起來了，甚至有人會直接Google你的品牌，也是長久經營的必經之路。

但相對的，創造實用又吸引人的內容，對大多數品牌不是件輕鬆的事，尤其是創業初期人力吃緊，空出一人專門生產內容幾乎不可能，與其他品牌聯名或合作也需要時間敲定，這些都是免費甜美的「自然流量」背後所需要付出的時間與努力，而且都不是短時間內就能回收的成果，所以想衝高「自然流量」之前，一定要先衡量人力與資源，不要顧此失彼。

(2)付費流量

與自然流量相對，「付費流量」就是花錢去買流量，簡單來說就是透過廣告進入網站的流量。

目前線上有非常多取得「付費流量」的廣告類型，可以依照消費者輪廓、素材類型等，在適合的廣告平台上投放廣告，進而取得流量並開拓營收渠道。常見的付費流量來源包括：Facebook廣告、Instagram廣告、Google 關鍵字搜尋廣告以及聯播網廣告等等。

不同的需求，就有不同的廣告投放方式。例如：假設品牌目標受眾年齡層偏低，我們可以藉由Instagram社群平台來投放廣告，鎖定該平台「五成以上用戶都是20-25歲青少年」的特性，取得精準的付費流量。

相信在第三個章節各位對於Facebook臉書廣告的操作，都有一定的理解。在此章節，我們將把重點著重在優化SEO以及其他實用的推廣平台與模式，教你如何取得優質的自然流量。

一、調整電商體質

電商體質指的是你流量的管道有哪些，通常分為以下五種：
自然搜尋（Organic　Search）、直接搜尋（Direct）、社群媒體（Social）、電子報（Email）以及**外部連結（Referral）**。

　　自然搜尋（Organic Search），指的是不把你的品牌名拿去搜尋，而是搜尋相關的字詞，例如搜尋「堅果」而導入團圓堅果官網的流量就是自然搜尋，要如何強化關鍵字以便消費者藉由搜尋引擎找到品牌，是每個電商經營者必做的功課。自然搜尋流量儼然是品牌電商最健康且重要的流量來源。

　　直接搜尋（Direct），和自然搜尋相對，指當受眾明確知悉品牌，直接在搜尋引擎輸入品牌名，進入網站的直接流量，這就是直接搜尋流量。例如搜尋「團圓堅果」而導入團圓堅果網站的流量。直接搜尋流量通常可以拿來作為品牌力的衡量依據。

 小知識：

> 顯著品牌官網的直接搜尋（Direct）流量大多佔該網站流量的三成以上。此外，由於消費者直接搜尋品牌名稱，故此流量的轉換率通常較高。

社群媒體（Social），指的是從社群媒體導入主要網站的流量，舉凡Facebook、Instagram、推特、微博皆屬於社群流量。例如在Facebook投廣告，讓消費者進而造訪品牌官網的流量，即是社群媒體付費流量。

🚪 小提醒：

> 社群媒體的付費流量大多是初期電商最主要的流量來源之一，但請切記，社群的付費流量只是取得第一批新客的手段，培養第一群新客後，就該著手提高回購率以及開發不同的流量管道，更是網站成長的關鍵。

電子報（Email），簡單明瞭，就是消費者從Email中置入的連結，導入網站的流量。透過電子報再行銷，不但可以分群發送給顧客，更可以提升穩定的回購。

外部連結（Referral），簡單來說就是從不同網站上導入的流量，可能是你經營的部落格、內容行銷的導流或是其他平台分享你的網站等管道。優質的外部連結所帶來的流量，能夠有效降低跳出率、提升網站停留時間，對於SEO排名的提升更有正向的相關。

自然搜尋（Organic Search）

搜尋相關關鍵字而導入網站的流量

直接搜尋（Direct）

在搜尋引擎直接搜尋品牌名，進入主要網站的流量

社群媒體（Social）

從社群媒體導入主要網站的流量

電子報（Email）

從Email置入網站連結，導入的流量

外部連結（Referral）

從不同網站上導入的流量，可能是你經營的部落格、其他平台分享你的網站等

ஃஃ小技巧：
上述五種流量的數據，都可以輕鬆藉由「SimilarWeb」以及「
Google Analyst」找到！

◎何謂健全的電商體質？

攤開台灣大部分電商的營收來源報表，你會發現，有超過八成以上的電商，90%的營業額都只依靠社群廣告作為最主要的營收渠道。當你在檢視自己的電商體質時，如果發現超過九成以上的轉換都來自Facebook的付費流量，那是非常危險的事，這種電商體質是非常虛弱的。即便Facebook是非常容易取得新客的方式，但過度依賴臉書廣告的下場就是任人宰制。一但明天臉書用戶急速下滑、演算法巨變地修改，或是達到廣告投放的天花板，就極為可能瞬間面臨無訂單的困境。

「雞蛋不能放在同一個籃子裡」，電商亦為如此，多管道的營收來源，才是真正穩健的電商營運模式。

團圓堅果的訂單轉換有22%來自直接搜尋、社群媒體33%、自然搜尋 32%以及其他的網站外連流量13%。從數據中可以看出團圓堅果在社群媒體所取得的營收佔比約為三成，相較於一般只經營臉書粉絲專頁進而轉換的網站健康許多。

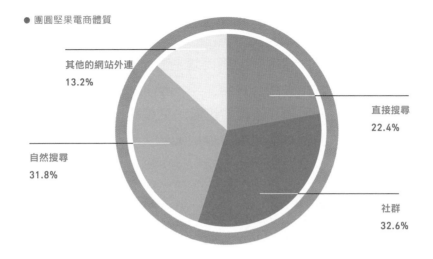

● 團圓堅果電商體質

其他的網站外連
13.2%

自然搜尋
31.8%

直接搜尋
22.4%

社群
32.6%

　　為何我們一再強調檢視電商體質的重要性呢？原因非常簡單，透過分析電商的營收來源，可以讓我們清楚地知道品牌的長處與短處。舉例而言，團圓堅果在2018年春節期間，營業額兩百萬中有5%來自直接搜尋、35%來自社群媒體、1%來自其他的網站外連以及佔最大宗59%的自然搜尋，光免費的自然流量就為團圓堅果帶來近120萬的營業額。

　　「堅果」等相關字詞在春節期間是搜尋的熱詞，透過SEO的強化，讓人在搜尋「堅果」等關鍵字時能夠輕鬆找到我們，不但為品牌帶來大量的免費流量，更帶來實際的營收。由此可見，團圓堅果平常所深耕的SEO優化，在過年期間發揮了絕佳的效果。

　　在總流量提升的情況下，將流量主力從社群媒體轉移至自己的網站平台，就是你與一般賣家不一樣的地方，也是建立品牌的第一步！一方面顧好社群的流量，並優化SEO帶來更多的受眾，觸及了我們社群舒適圈以外的顧客，才能讓電商成長，加深品牌力。

　　我們不能只滿足於在Facebook上瘋狂投廣告取得訂單，成功獲得轉換後就應該多角化發展，深耕舊會員並強化電商體質。這也是為什麼團圓堅果要走入線下的原因之一，去百貨、去開店、整合線上線下。這些看似投資報酬率很低的事情，卻是鞏固電商體質的關鍵，落實多角化的經營的策略。

　　多管道的銷售策略才是穩健的電商營運模式，不能只專注於社群媒體，SEO、直接搜尋、回購都要兼顧。雞蛋不要放在同一個籃子裡，倘若有天某項營收渠道出了問題，才有辦法維持一定的營業額，不至於周轉不靈，所以多元的銷售管道對電商才是真正的健康且穩健。

　　接下來，就讓我們一同認識有那些能夠增加流量的新大陸，以及要如何優化！

二、改善Organic Search，SEO秘笈大公開

在這個小節，我們將深入帶你認識**搜尋引擎優化（Search Engine Optimization）**，瞭解如何運用SEO為電商事業帶來更大的成功。毫無疑問地，早在數十年前，SEO替無數經營者攻下自己的城池，許多初期電商靠著SEO就在短短的時間內大幅成長，躍升成為電商霸主。SEO迷人之處在於，即便品牌是名不見經傳的小電商，但當你位居Google搜尋排行之首，有的是數十萬健康的自然流量，穩健的業績是無庸置疑的，更不用擔心瞬息萬變的廣告市場。

市場走向千變萬化，一個偉大的電商，背後總有成功的SEO，SEO幫助品牌站上Google搜尋排行，讓全世界看見。不過回到現實，有效操作SEO絕非易事，Google頻繁的更新總讓人無法掌握，不知到底該如何有效運作SEO，網路上更充斥著令人暈頭轉向的各方說法。此章節將會用最簡明扼要的方式，一步步帶你領悟SEO其中的奧妙，進而提升搜尋排行，提高網站曝光率。

◎何謂SEO？

SEO可以用以下三件事情作爲定義：

1.搜尋引擎優化　2.得到免費自然流量　3.提升網站評比分數Page Rank。

搜尋引擎優化：

　　SEO就是搜尋引擎優化，提高在各大搜尋引擎找到品牌的機會。如果把剛建立的網站比喻成一座孤島，想讓孤島有生路，就要建立與各個國家間的航線！而SEO就是讓孤島化身爲香港的強大力量。不斷在不同網站間建立航線，就能讓你在Google搜尋排行榜上不斷上移，保持在Google搜尋結果的前端，進而帶來業績的成長。

小島

網站的誕生如同一座孤島

搜尋引擎優化

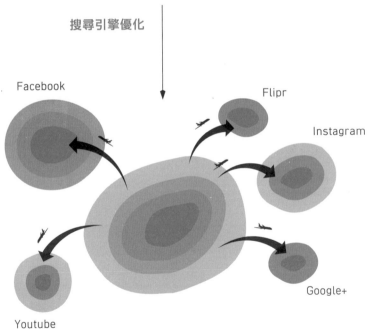

不斷建立航線後，網站變成一座交通繁榮的城市

得到免費自然流量：

　　Google的搜尋排行是經過精密的演算所產生的結果，提升排名的方法就是要靠 SEO（Search Engine Optimization）。流量中的自然搜尋（Organic Search）以及直接搜尋（Direct）也就是這樣來的。

　　在先前所提過的電商體質中，SEO優化最主要的目的就是取得自然流量，提升Organic Search的佔比。讓用戶在搜尋與你品牌相關的關鍵字時，使你的網站成功出現在顧客面前。SEO做得越好，網站排名就會越前面。試想，當你在Google搜尋某件產品時，你何時瀏覽過第五頁以後的網站？據尼爾森統計，超過八成以上的使用者，不會瀏覽超過五頁。

舉例而言，如果在Google上搜尋堅果，你可以很輕鬆的發現團圓堅果。當消費者想要透過Google查詢並購買堅果，SEO做得好，消費者第一個就會找上你。

即便你將所有社群廣告都關掉，還是一樣有穩健的營收來源，這就是SEO能為你帶來穩健又自然的免費流量。

――

207

提升網站評比分數Page Rank：

　　Google的CEO曾經公開的指出，**網站評比分數Page Rank**是Google搜尋引擎決定網站排序最重要的指標，而這項評比分數參考了多達兩百多種要素，如此龐大的資訊量的確讓人卻步，但是我們不需要完全了解這兩百多種要素，只要了解大方向就能有效提升Page Rank。[5]

　　Google更新搜尋結果的頻率約莫是一到兩個月，所以SEO的優化是需要時間才能看見成果的，但不用心急，SEO讓許多電商坐穩了該領域的位置，只要持續優化，業績一定會有起色。

　　Google繁雜的運算模式常讓人摸不清頭緒，接下來的內容將會用最簡單的方式讓你提升網頁曝光度，讓業績再創新高。以下就是團圓堅果網路搜尋排名第一的成功秘訣！

◎了解SEO關鍵指標

關於網站評比分數Page Rank，我整理出以下十點最需要 注意的要素：圖片數量、網頁字數、多樣的頁面設計、使用者數據（包括瀏覽人次、在線時間等）、網頁載入速度、網頁是否具權威性、網頁在該領域的參考價值（與其他網頁的連結數）、內部連結的關鍵字、頁面上相關聯的關鍵字、網路內容的易讀性。

① 圖片數量

② 網頁字數

③ 多樣的頁面設計

④ 使用者數據

⑤ 網頁載入速度

⑥ 網頁是否具權威性

⑦ 網頁在該領域的參考價值（與其他網頁的連結數）

⑧ 內部連結的關鍵字

⑨ 頁面上相關聯的關鍵字

⑩ 網路內容的易讀性

　　我們能把上面十點大致分成三個面向：**可信度、權威性、關聯性**。可信度其實是Google搜尋網站時最核心的根據之一，代表著網站的品質、同時包含網頁是否安全可信；權威性代表的是你在網路上的影響性，越多人關注代表著這個網站越值得曝光；關聯性則是代表網站內容的脈絡關聯，透過與關鍵字緊密相關的網站內容，讓 Google 認為你就是他們需要的網站。

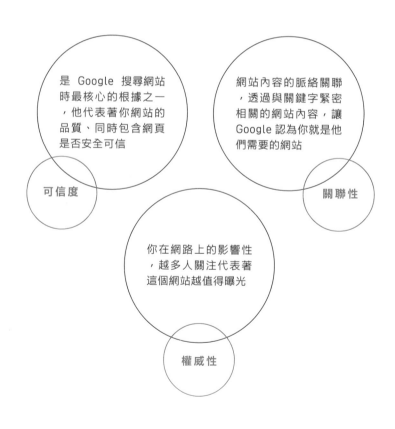

我們可以把Google視為一個航空公司，用戶輸入關鍵字　210
搜尋就像是要搭班飛機，為了維持良好的用戶體驗，Google　——
一定會提供最舒適、安全、有效的目的地供顧客選擇。所以把　211
自己的網站打造成像倫敦、紐約、東京等國際級的大都市，
Google自然很樂意把班機派到你的網站。

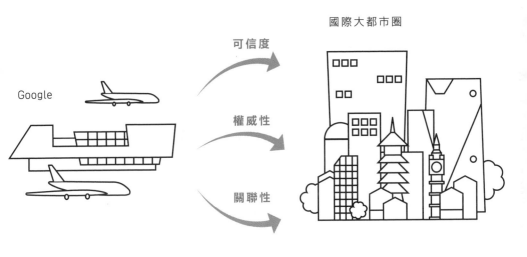

● Google航空公司，三個航線分別是 可信度、權威性、關聯性 ，
　飛到倫敦、紐約、東京等國際級的大都市示

◎SEO三問?

在開始操作SEO前,先問問自己三個問題,這三個問題將
會是在優化SEO時最核心的關鍵:

問題一、你的產品是什麼?
問題二、消費者買你的理由?
問題三、產品最主要的特色是什麼?

你的答案:

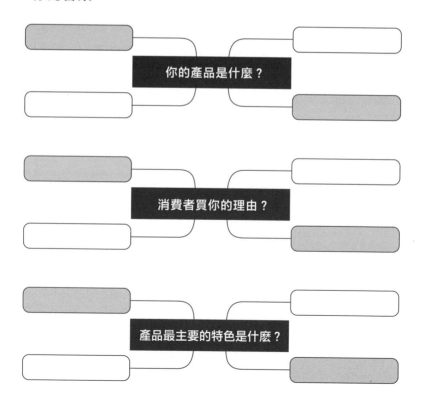

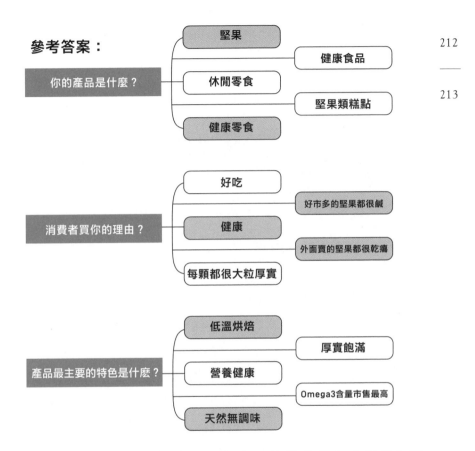

參考答案：

你的產品是什麼？
- 堅果
  - 健康食品
- 休閒零食
  - 堅果類糕點
- 健康零食

消費者買你的理由？
- 好吃
  - 好市多的堅果都很鹹
- 健康
  - 外面賣的堅果都很乾癟
- 每顆都很大粒厚實

產品最主要的特色是什麼？
- 低溫烘焙
  - 厚實飽滿
- 營養健康
  - Omega3含量市售最高
- 天然無調味

上述三個問題，看似簡單且基本，卻是非常多人最常忽略的重要關鍵。我一再強調網站「相關性」的重要性，是因為許多人為了提升被消費者搜尋到的機率，開始在網頁中塞一堆毫無關聯的熱門字串，例如：同婚、川普、卡管等，以為這些熱門關鍵字能夠使網頁在搜尋結果中脫穎而出，殊不知被Google大大降低了網站評比分數。

剛剛的三個問題，讓我們逐步解析給你聽。

◎提升Page Rank法典

⚡ 小提示：

> 路徑：在這能教給大家的是操作 SEO 的技巧，我們一直強調在電商世界中沒有通則，釐清產品與網站的優勢與訴求是必須做的功課，了解自己網站與產品的特性、發展可能與核心價值後，優化 SEO 才會得心應手。

法則一、找到對的關鍵字

關鍵字搜索在SEO裡扮演著關鍵的角色，也就是顧客們在搜尋引擎中，要輸入怎樣的文字才能找到你們。假設是堅果電商，關鍵字就可能有「堅果、健康、養生、素食、禮盒」等，扣緊第一個問題的回答**「你的產品是什麼？」**，清楚地描述出來。若自家產品的市場競爭激烈，如服飾、彩妝等，就回到小而精的電商經營概念，使用更明確的關鍵字，像是「大尺碼牛仔服飾、韓國裸系眼妝」，縮小競爭的範圍。

值得一提的是，許多人爲了讓自己的產品看起來與眾不同，或是有別於市面上現有的產品，非常喜歡「造字」。舉例而言，當 Gogoro 初期在經營 SEO 時，爲了讓產品看起來很酷，因此就造了一個「智能車」詞彙來代表產品，網站標題、敘述都環繞在智能車這個新詞上。

　　然而，雖然看似新穎，但消費者壓根不會搜尋智能車，因此SEO排名在「電動車」領域中停滯許久，最後Gogoro才放棄此詞，回歸電動車三字來經營SEO；同理，許多人很愛用冷門的「芬芳皂」來取代眾所皆知的「手工皂」。

　　請切記，SEO的精髓就在於關聯性，如何使用消費者熟悉的字詞，建立一條又一條的航線才是關鍵。

　　我們更可以利用「Keyword Analyzer—SeoBook」網站所提供的免費服務，分析競者選用的關鍵字。只要輸入相關網頁的網址，他就能抓出該網站的關鍵字組合，做爲你選用關鍵字的依據。

　　此外，如果對自己想到的關鍵字沒有自信，可以運用
Google　AdWords裡的關鍵字熱度查詢功能。首先先申請一個
Google AdWords的免費帳號，選擇「Keyword Planner Tool」
中的「Get search volume data and trends」，輸入你想到
的關鍵字、設定相對應的國家，最後按下「Get seach volume」
就能看到你所選的關鍵字在Google上被搜尋的次數，我們就能
掌握此組關鍵字是否具有價值。

　　透過數據，不僅能讓你知道哪些關鍵字熱門，更可以讓你
在兩項關鍵字猶豫時，快速選出較熱門的選項。

　　好的關鍵字能為品牌帶來數不盡的自然流量。照著以上步
驟，要使用什麼關鍵字，我想各位心裡應該有底了！

法則二、準確的網站標題

　　網站標題往往是被顧客注意的門面，標題一定要準確描述你的網站，一秒就看懂網站的訴求。建議在網站標題中就要埋入你的關鍵字，如果公司名稱本身就是關鍵字的話更好，清楚明瞭是首要的訴求。

品牌命名小巧思

　　假設今天你是一位堅果大盤商，要搭飛機到一座小島採購堅果，航班分別飛往目的地「堅果山」以及「大日子」，請問你會選擇搭到哪裡呢？想必你的直覺一定會告訴你前往「堅果山」。網路世界亦然，最好的品牌命名就是和產品有直接的關聯性，讓顧客一眼就懂，這對SEO排名的提升也有很大的正相關。因此，在品牌命名或是選用關鍵字時，務必反覆檢查、扣緊第一個問題**「你的產品是什麼？」**。

　　例如：**鮮乳**坊、橙姑娘**梅精**、早餐吃**麥片**、深夜裡的**法國手工甜點**、團圓**堅果**

以下舉出幾個實際的案例，盤點各家關鍵字的優缺。

iCook愛料理 –150,000 道食譜，每天都有新食譜！

　　愛料理的網站標題就下得非常漂亮，可以發現其中包含「Cook、料理、食譜」等主要關鍵字，讓他們的TA：「需要食譜與料理的用戶」，一下子就能搜尋到他們，在不拗口的情況多次重複關鍵字，也是一個提高Page Rank的好方法。再來，用明確的數字吸引消費者目光，使其脫穎而出。

　　套回前面所提SEO最重要的原則**「SEO三問」**，來檢查愛料理是否扣緊答案：

問題一、你的產品是什麼？「食譜」、「料理」
問題二、消費者買你的理由？「有很多食譜」、「做料理時需要食譜」、
　　　　　　　　　　　　　　「每天都有新食譜」

　　由此可證，愛料理明確地讓消費者一眼就知道他們所提供的產品及服務，更說服消費者為什麼要用愛料理的服務，而事實證明，在Google上搜尋料理、食譜，iCook就是排行榜上的首位。

　　舉自家案例，團圓堅果明確地告訴消費者產品為「堅果」，219
以及主要訴求「健康」，網站標題更直接加入了最主要的關鍵
字「堅果」，品牌命名直觀，沒有出現文謅謅的文青字句，節
省消費者了解品牌的成本。

問題一、你的產品是什麼？「堅果」、「健康堅果」
問題二、消費者買你的理由？「健康」、「吃多沒有負擔」

　　同樣地，套回「SEO三問」原則，團圓堅果在命名以及標
題上，都有扣緊答案。

🔧 **小技巧：動態圖片、影片更吸睛**

建議大家在訂定標題時，務必使用關聯性強的字眼，一方面有
助於消費者更容易搜尋到你；二方面能幫助消費者快速認識品
牌。

Ecommerce
Zero to One

法則三、善用網站描述 Meta Description

網站描述Meta Description就是在網站標題下方的文字敘述，這部分也是SEO優化的重點之一，所以相關的優化是必須著手進行的。當消費者在搜尋特定關鍵字時，網路爬蟲（Web Crawler）會依照你所搜尋的關鍵字交叉比對網站描述，將高關聯性的網站內容顯示出來。

 小知識：

> 網路爬蟲（Web Crawler），又名網路蜘蛛（Web Spider），是用來交叉比對網頁內容的網路機器人，爬蟲會將網站頁面儲存下來，以便搜尋引擎產生索引供用戶搜尋。網站搜尋引擎排名便是透過爬蟲進行網站的分數評比。

Meta Description 追求的是精準的告訴消費者品牌的主要訴求、核心產品、市場區隔等重要資訊，大約100字以內就足夠。Meta Description 中關鍵字重複出現越多次，爬蟲比對的次數就越高，排名分數也會因而提升，前提是沒有語病、是易讀的。

大家不妨可以在Google搜尋引擎輸入一組關鍵字試試，爬
蟲會將你所輸入的字詞以「紅色」的形式將資訊全部標示出來。

團圓堅果｜天天吃堅果，健康無負擔
https://www.tuanyuannuts.com/

團圓堅果，健康第一的堅果！團圓堅果採用當季新鮮堅果，提供最高品質的好吃堅果。低
溫烘焙營養滿分的健康零食，口口都是天然的好滋味，更是你值得信賴的健康 ...
您曾多次瀏覽這個網頁。上次瀏覽日期：2018/5/2

來這湊免運
團圓堅果，健康第一！團圓堅果採用當
季新鮮堅果，提供最高品質的好 ...

核桃
讓一天的開始精神百倍；堅果、核桃更
有助於增強記憶力，對需要動腦 ...

團圓堅果｜低溫烘焙綜合堅果
團圓堅果提供最高品質的好吃堅果，低
溫烘焙的團圓堅果是營養健康 ...
tuanyuannuts.com 的其他相關資訊 >>

團圓堅果部落格
團圓堅果專屬部落格！給你滿滿的健康
新知、堅果知識、團圓談話 ...

條款與細則
條款與細則. 關於購物.▷所有關於訂單
資訊及配送資訊皆由手機簡訊 ...

旺福財犬團圓禮盒
旺福財犬團圓禮盒. 全店，夏日優惠：
滿1200免運費. NT$850. 口味 ...

以下用兩家外送服務平台進行**網站標題**與**網站描述**的比較：

honestbee | 代客購物和送貨服務

所有你需要的美食，只要在 honestbee 上簡單一點，就能享有代買及配送服務，讓繁雜的生活變簡單。

● 示意圖

honestbee | 代客購物和送貨服務
https://www.honestbee.tw/zh-TW/ ▾
所有你需要的美食，只要在honestbee 上簡單一點，就能享有代買及配送服務，讓繁雜的生活變簡單。

熟食外送 美味的食物幾分鐘內 ...
所有你需要的美食，只要在honestbee
上簡單一點，就能享有 ...

生鮮雜貨 當天從您最愛的商店 ...
首次購物享免費NT$500 折扣. 單筆訂
單需滿額NT$1,499。註冊後1 ...

honestbee.tw 的其他相關資訊 »

- -

Foodpanda

foodpanda外送外帶，與超過3000家餐廳獨家合作○各式美味料理線上訂餐○台北/台中/高雄外送 ○下載 foodpanda 外送 App，200+人氣餐廳免排隊：點點心,CoCo壹番屋,大戶屋,糖朝等美味直送

● 示意圖

Foodpanda
https://www.foodpanda.com.tw/ ▾
台北/ 新北/ 台中/ 高雄美食外送。即日起全台最低服務費只要$25。台北精華區另享24小時外送服務→
9:00-24:00美食外送到府。下載foodpanda外送App，1000+ ...

Foodpanda x 招商
foodpanda招商- 讓您的餐廳上線 ... 在
台灣, foodpanda 已與超過 ...

台北市
香港茶餐廳 - 點點心 - 麗媽香香鍋 - 糖
朝Sweet Dynasty - ...

foodpanda.com.tw 的其他相關資訊 »

我們一如往常，從「SEO三問」來檢視honestbee和 Food-panda：

問題一、你的產品是什麼？

從品牌命名的角度來看，honestbee字面上並沒有和產品連結，因此消費者無法直觀判定honestbee所提供的產品，較為可惜；反觀Foodpanda，至少還可以從「Food」推敲出是提供食物相關的服務，因而和品牌名稱做連結。

因此就品牌命名而言，Foodpanda 較 honestbee 佳！

在SEO標題的部分，honestbee直接說明了他們所提供的服務為「代客購物」和「送貨服務」，而Foodpanda卻缺少了這部分，讓消費者無法從主標直接判斷品牌所提供的服務。

因此就SEO標題而言，honestbee 較 Foodpanda 佳！

問題二、消費者買你的理由？
問題三、產品最主要的特色是什麼？

但是在Meta Description方面，honestbee除了「美食、代買、配送」之外就沒有相關的關鍵字了，關聯性較為薄弱。「只要在honestbee上簡單一點」以及「讓繁雜的生活變簡單」這兩句都是搜尋度低，且沒有太大意義的文青語句。

反觀 Foodpanda 有「外送、外帶、料理、人氣餐廳、免排隊」等重複出現的關鍵字，甚至把合作大品牌「點點心、CoCo壹番屋、大戶屋、糖朝」也都放了上去，更增加地區性「台北、台中、高雄」等字眼，這對Google來說不只Page Rank 會上升，被消費者搜尋到的機率也增加更多。

因此就Meta Description而言，Foodpanda較honestbee佳！

 段落小結：

看完以上案例，相信你開始對網站標題以及Meta Description的敘述有了概念，掌握SEO三問原則，讓網站和Google建立強大的關聯性，常用高強度的關鍵字，取代冷僻的字句，讓消費者更容易搜尋到你！

法則四、修改URL

　　網設定網域時，http開頭的網址比較不安全，https則較安
全隱密，越安全的網站，Google 給的分數就越高，排名也能因
此上升。

ⓘ 不安全 | http://

🔒 安全 | https://

　　另外，在設置網站時，如果沒有特別更動，網址後方常常會
出現中文字，看起來方便查詢，但實際上Google在判讀中文
時，會將中文編譯成亂碼，因此文字上完全沒有意義，排名分
數就會不佳，所以勤勞的把每個中文的網址都改成英文吧！簡單
的一個動作就能提升 Google 排名。

🔒 安全 | https://www.tuanyuannuts.com/pages/綜合堅果

🔒 安全 | https://www.tuanyuannuts.com/pages/%E7%B6%
9C%E5%90%88%E5%A0%85%E6%9E%9C

🔒 安全 | https://www.tuanyuannuts.com/pages/mixednuts

法則五、命名每一張圖片

大家一定都有個經驗，有時網路跑不動或是毀損的時，圖片都會顯示影像毀損的標示，以Google來說，這是會降低排名的，所以為每一張圖片命名，就能確保每張圖片即使毀損，網路爬蟲還是能夠依照圖片的命名，爬出可辨識的敘述文字，排名就能往上增加。

低溫烘焙綜合堅果

影像毀損   命名每張圖片

小提醒：

還記得在第二章我們所探討的「用數據看行銷」嗎？其中一項很重要的指標就是網頁載入時間以及轉換率之間的關係，當網頁載入時間每多一秒，消費者就會降低7%的購買意願。然而，過大的照片亦會產生影像毀損跑不出來的標示，導致消費者失去耐心、不信任購物頁面進而放棄購買。因此最好的方式還是盡可能的上傳可顯示影像。

法則六、網頁載入速度

　　網頁載入速度也是 Google 注重的小地方，除了提升搜尋
排名，據統計每減少一秒網頁載入時間，就能提高7%的購買意
願，越快的網頁速度帶來的就是越多的商機。要優化這部分可
以使用 **「Google Page Speed Insights」**，不僅能幫你跟其他網
站做比較給出一個客觀分數，更能指出需要優化的地方，讓你
有修改的方向與依據。

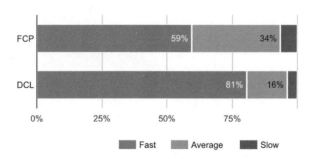

● 以上圖示為透過「Google Page Speed Insights」所分析的網站整體載入速度報表。

法則七、符合行動用戶網頁（Mobile Friendly）

行動裝置已是全球趨勢，Google會去檢視網頁有沒有適合行動用戶使用的版本，網站的行動友善程度，會大幅影響搜尋引擎排名，如果有了排名會提高。

行動友善程度高的網站指的是用戶不論在手機、平板等小螢幕的行動裝置上皆可以輕鬆瀏覽網站頁面，其中包含：字體是否可閱讀性高、網頁中圖片是否會依照裝置等比例調整、頁面是否有無法播放的內容、點擊按鈕是否有足夠的空間等。假使你的網頁還沒有行動版本的話，請一定要去設置，提供用戶更好的體驗，抓住流失的客群。

小知識：

> Google自2016年即大幅提升行動友善（Mobile Friendly）度高的網頁的SEO排名，更宣布搜尋引擎將會優先展示響應式網頁設計RWD（Responsive Web Design）的行動友善網頁。

法則八、社群流量（Traffic）與SEO

社群網站盛行，沒用社群網站的人是少之又少，在這些平台上，好的資訊、內容不僅僅會被看見，更會被病毒式地分享擴散出去，這不僅能提高SEO的強度，更是獲得免費流量的最佳方式。

常見的社群軟體有**Facebook、Instagram、Twitter**。

Facebook無疑是當今最強的社群網站，台灣有超過2000萬個使用者，幾乎所有的客群都在裡面，臉書使用者高黏著的特性，更是令所有的社群軟體望塵莫及。此外，在上一個章節我們也透過「洞察報告」以及「廣告實作」，帶大家掌握如何精準鎖定目標受眾，若只能選擇經營一個社群，就選Facebook吧。

 小知識：

> Facebook台灣用戶已正式突破2000萬人，超過86％以上的台灣人都有Facebook臉書帳號。

相較於Facebook，Instagram 的用戶年齡層較小，但是用戶成長率卻是Facebook的好幾倍，如果你的產品重視圖片、影片等平面形象，Instagram絕對是潛在的大市場，況且現在跟Facebook屬於同家公司，帳號可以方便快速的連結，是最好的選擇。

 小知識：

> Instagram 在台灣 24 歲以下的年輕用戶占 46.1%，25 到 29 歲的人為 29.3%，30 到 34 歲則為 15.8%。[6]

Twitter所需要經營的時間成本較低能夠快速推播，也有預設發文的機制，花點時間經營就會有不錯的成果。

此外要大力推薦的社群就是 Google+，雖然使用者少的可憐，但身為 Google 的自家產品，Google一定會力挺，在搜尋排行上或多或少也會提高Google+的優先順序。善加利用絕對百利而無一害，況且 Google+ 仍是一塊未開發的園地，搶先對手們進攻此處，就能領先對手一大步。

法則九、精值連結與與SEO

在你的網站置入連結就像是幫你的城市多蓋了一條馬路，每一條馬路都會爲這個城市帶來新的活力與收入。精值的連結就像是跟高速公路一樣，是屬於最有效、最有力的通道，帶來無數的流量；而不知所云的連結就像是胡亂工程的泥巴路，快速但是無用，Google在評分的時候自然是看哪座城市的高速公路多、交通最自然安全。

何謂精值的連結呢？舉凡具有公信力的報章媒體、公部門網站；具有影響力的網站如維基百科、科技報橘等等。只要確定這條馬路通往的地方也是城市，至少不是死城，就算是有效的連結置入。如果可以的話與自身往站關連性強的網站最好也一併納入連結考量。

特別注意，切勿花錢購買一堆無效的連結置入網站或導向你的網站，這是違反Google服務條約的，請務必確保每條連結都是自然有效且健康的。通往城市的每一條馬路，都是有目的性去建置的，不必爲了開闢一條廢路而浪費時間，只要用心做好內容，相信一定會有最適合你置入的連結。

此外不需要搞付費的「互相造訪」這種無聊的小奧步，這很容易就被抓到，一被抓掉Page Rank就會一落千丈。掌握以上原則，用心經營必能「條條大路通羅馬」！

改善Organic Search，SEO秘笈大公開

法則十、提升易讀性

　　好讀又很好讓人理解的內容能夠被最多的受眾所接受，所以易讀性也是 Google 參考的一項重要標準，Google 表示未經調查的資訊，或是錯誤的拼字內容會導致排名搜尋結果下滑，所以要注意自己的網站是否有使用錯字或是有語意不通順的地方。最好能讓網站的內容深入淺出，各年齡層的用戶都能輕鬆明白。容易懂的內容同時也讓吸引更廣泛的讀者進入你的網站，提高用戶的參與程度。

　　如果網站是以英語為主，建議可以在 Flesch ability 上做測試，他會根據你的用字以及文法結構做出評分， 90 到 100 分對 11 歲的小孩來說都看得懂；60 到 70 分是 15 歲的青少年都能理解；0 到 30 分就是需要大學以上才能夠完全了解。你可以用這個方法去測試網站的易讀性，並且盡量把分數維持在 60 分以上。

區域性的SEO指的是在搜尋關鍵字後，出現在前兩個連結下方的相關商家，通常是用Google　Map上你附近商家。區域SEO往往能夠吸引大量的流量，畢竟他會出現在大多數的搜尋結果之上。但是跟一般的Page　Rank不同，Google會根據當地的特色、需求做出不同的Page Rank評分。

要提升區域性SEO不難，多多利用Google　Map的功能，建立評論系統、評星等、附上商家地址電話，與客戶做良好的溝通，越多評論、完成度越高就能使你的商店更加可信，Page Rank 也能如此提升。

∅ Bonus上傳你更新好的網頁

能提升SEO的技巧多如繁星，但在茫茫的網站大海之中，Google可能會漏掉你所做的更改。所以在做完每次優化後，請主動把自己的優化網頁上傳至：

https://www.google.com/webmasters/tools/submit-url?pli=1

這樣 Google 就能即時的收到你所做得更新，所做的努力才不會白費。

三、EDM小撇步

EDM（Email Direct Marketing）指的就是獲得 TA 的 Email，直接寄電子郵件給他做行銷。以目前的市場來看，EDM 的成效以大不如前，在沒有社群的那個年代，EDM 可以說是最有效率的行銷手法之一，但如今平均開信率只有5%，大多被當作垃圾信件，市場早就轉向能直接聯絡的LINE跟臉書上面。

即使如此，EDM的優勢是幾乎不需要成本，而團圓堅果在EDM的開信率依然也有**30%左右**，只要用心經營依然是良好的轉換來源，把握以下幾個要點，EDM也能有轉換。

◎精確目標，不亂槍打鳥

現在這個時代，每個人的信箱動輒上千封的信件，每天接收的是上百封的訊息，只要隨便發送，很容易被歸類成垃圾信件。

不用妄想用EDM開拓新客源，那不是EDM的主要目標，把它交給FB廣告、Google關鍵字廣告吧！把目標放在已經購買過的顧客，提升回購率，對你們品牌有印象的顧客開信率才會提高。

◎內容眞誠，不丟罐頭訊息

聳動的信件標題早已不管用了，只會被丟進垃圾訊息中。
面對低開信率，我們的做法是：把每個顧客當作朋友。

開頭不用直接行銷產品，你可以先寒暄幾句，提醒最近的
時事，像在跟朋友聊天一般，彷彿量身打造，增加親近的感覺。
甚至能在會員生日時，寄上一封祝福的信件，更能讓品牌在消
費者心中有不一樣的地位。

◎會員分類，提供不一樣的內容

即使會員數少，也要做好消費者的分類，這不僅能好好的
檢視不同族群對不同產品的反應，也能看出行銷是否有成效。

在EDM裡，重複不變的信件內容顧客一定會膩，所以在特
定的時間點，對不同的顧客發送專屬的信件，例如開學季建立
一份學生或是家長的清單，再做Email的投放。這樣的直接行
銷才會精準，就很有機會把老顧客抓回來回購。更進一步你可
以用購買頻率以及ASP去做名單分類，在消費者購買頻率到時，
適時的提醒，轉換率也能上來。

四、內容行銷，增強Referral

◎產出優質內容，提升品牌形象

　　如果你對行銷有一點接觸，那你也許聽過「內容行銷」。他範圍很廣，但內容行銷簡單來說就是藉由創造出TA感興趣的東西，讓他認識你的功夫。內容行銷逐漸被讓重視的原因，是廣告被用戶主動屏蔽的比例越來越高，受眾對單純的廣告沒有連結。如何讓廣告不討人厭甚至是讓TA自己想點進來，就是內容行銷能做到的事！

　　內容行銷是種透過製造與發佈有價值的內容，以達到吸引目標讀者，並與其互動，最後驅使客人採取獲利行動的行銷技巧。實質上，內容行銷是一門與客人溝通但不做任何銷售的藝術；它是一種不干擾的行銷，它不推銷產品或服務，只傳送有用的資訊[7]。

　　最近FB常常出現貼文，「在底下留言，小編就把你要的資訊私訊您喔！」現在的趨勢就是拿出一個大家有興趣的議題、文章、懶人包、食譜等等，促使TA留言，結合AI自動私訊回覆，以達到大量擴散的成效。

💡 小知識：

> 要特別注意，使用貼文自動回覆留言功能時，遇到機械式留言例如+1、++、OK 等短詞語重複出現，容易被 Facebook判別成無意義的詞句，導致貼文觸及下降甚至刪文，建議大家設定貼文自動回覆留言時，判別的句子要長一些，五到七字即可。

　　我的心得是你一定要產出對受眾有用的文章，這樣才有價值，不能只是寫你覺得觀眾「應該」知道的內容，而是要寫受眾「想要」知道的內容。

　　舉團圓堅果為例，產出內容的主要方向是堅果對身體的好處，但不能只是提出一堆專業的名詞，去證明堅果的益處，這樣觀眾只會覺得生硬，降低閱讀的興趣。

　　我們的做法是先蒐集好堅果的各個小知識，抓準近年食安風暴，大眾對自己吃的食物更關心，從哪來、怎麼來、如何來等等問題，我們蒐集完資料後，用故事性的手法以及活潑的口吻，把每種堅果介紹給大家！成功地讓四篇文章分別登上了夏威夷豆、杏仁、核桃、腰果的搜尋第一頁，從數據更能發現這些文章讓團圓堅果的網站多了9%的自然流量，證明了內容行銷強大之處。

　　現在人人都能產出內容，但重點是產出的內容是不是有價值？這端看你對TA的理解，思考他們需要什麼內容？喜歡怎樣的模式？是圖片多點？還是文字為主？關鍵字最常打些什麼？等等面向下手，就有很大的機會被TA看見。

　　但內容行銷的過程是需要時間的，產出好文章後，也要隨時注意它的排名，雖然過程緩慢，不過一但Page Rank上升後，流量與曝光度出來，受眾就很容易記住你，所以內容行銷仍然是門很划算的投資！

◎網路口碑行銷(部落客、Youtuber)

對於新創電商來說，降低顧客來店的成本一直都是需要努力的目標。最直接的方法就是做好口碑，提升回購率！這時部落格的口碑行銷就顯得十分有效。行動裝置發達，怕踩雷、想要有高CP值的消費者在購物前往往會先Google一下，而部落客的文章就滿足了這樣的需求。

一篇圖文並茂具有參考價值的文章，的確會大大提升顧客的購買意願。店家能主動跟這些部落客或是粉專經營者聯絡，討論如何將我們的產品置入，這樣的廣告方式不會顯得太商業，更能取的消費信任。

有名的例子像是星野銅鑼燒，他們請了許多知名部落客在同一時間出產介紹星野產品的文章，又在新聞版面上爭取「銅鑼燒」的曝光。台灣的消費者很容易被新聞刺激，就有很大的機率去網率搜尋「銅鑼燒」，發現四處都是推薦星野的文章，只要產品力本身就夠強，自然就會產生購買，促使回購發生！

五、善用對話式行銷

　　淘寶可以說是全球最大的電商經濟體之一，營業額交易額大的無法想像，值得注意的是，在這其中40%的交易轉單都是來自他的「聊聊」訊息管道。也就是說，在顧客透過聊聊與淘寶賣家互動之後，購買力會大幅的上升。善用對話式行銷，不但可以增加購買意願，更可以提供消費者良好的購物體驗。

　　蝦皮跟PChome、momo的戰爭也是個例子，蝦皮除了強大的運費補助之外，蝦皮的優勢之一也在於消費者可以藉由良好的介面設計，直觀地「詢問」賣家相關產品資訊，在詢問商品的過程中，得到滿足之後，就會想要購買。

　　有對話的平台，讓消費者與賣家溝通後，大大的提升對於賣家的信任感，購買力自然增加。

　　所以好的客服是非常重要的，不僅能夠解答消費者的疑惑、推薦適合的商品，更是品牌的門面，絲毫不能馬虎。

　　在團圓堅果的例子中，先透過LINE或是Facebook私訊，最後成功轉換的消費者，他的回購率是高達七成，就是因為這樣多了一層信任感，才能達到這樣的成績。

　　還有一個小技巧，其實服務或是介面不用做到100%完美，中間有些說明比較模糊，讓消費者主動去問，像是熱量多少、有哪些送貨方式，當消費者執行這樣的動作，且很快就得到答覆時，可以大大加強消費者對品牌的印象及好感度、信任感。故意製造一些小瑕疵引發消費者互動，進而達成完美的客戶服務，增強品牌好感度的目標。

　　值得一提的是，團圓堅果在引進AI技術使用Chatbot聊天機器人後，成功達到人力解放，不需時時守在社群軟體前，也能滿足顧客的疑問，有效降低兩成的人事成本。

　　或是利用貼文自動回復的功能，把潛水的顧客們導來留言。如果沒有促成轉換，也能再次推播訊息給這些人，抑或是設計週期性的推播，提醒顧客回購，利用Chatbot的技術，解決人力不足的問題。

 小知識：

> 團圓堅果利用 Chatbot 聊天機器人結合導購，大幅提升轉換率以及回購率，透過聊天機器人推播功能，有效刺激並縮短顧客的回購週期。單次推播轉換率約為2%。

六、以小搏大的影音行銷

大部分的電商公司都沒有龐大的資本，但是拍出一支好的影片善用社群快速散播、容易製造話題的特性，就有機會用小資本帶來龐大的廣告效益。

影片不一定需要高品質的拍攝手法。現在影音形式多元，簡單無厘頭的影片也能帶來巨大的迴響。

打造影音廣告時，追求的是出奇制勝，嘗試不同的手法，凸顯商品特色、快速抓住大眾目光。畢竟品牌成立初期沒有什麼包袱，多方嘗試就是最好的方法。此外，Facebook更鼓勵大家使用影片做宣傳，貼文自然觸及率也比一般圖文素材來的高。影片的關鍵在於受眾觀看影片的前十秒，只要能讓受眾集中注意，且具有獨到的故事情節，便能抓住消費者的心，增強品牌記憶點。

原本的消費者行為加上Facebook有意的推行，讓社群影音世代來臨，人人一支智慧型手機，隨時隨地都能上網看影片或在臉書上傳影片，成為生活的一部分。讓影片在廣告的市場也扮演著越來越重要的角色。

◎善用影音優勢

這邊跟大家分享一個善用影音內容的廣告操作技巧，可以帶來非常好的廣告效益。

首先，準備一支強調產品、服務亮點的影片，不用很長，大約三十至四十五秒即可。

接下來，將這支影片拿去投放行銷目的為「觀看次數」的臉書廣告，由於「觀看次數」類型的廣告非常便宜，一次影片觀看大約只需0.03至0.05塊，因此一萬次觀看只需要 300 塊、十萬次觀看只需3,000塊。

先用便宜的廣告，加強受眾的產品印象，讓廣告跑一陣子、累積一定觀看次數後，再將主打商品的廣告貼文投放給已經看過那支影片長度$\frac{3}{4}$的受眾。

如此一來，受眾不需要花時間力氣去看你的冗長的商品介紹，TA也比以往更精準。對這樣的廣告接受度就會很高，轉換率自然就會增加！

七、關心趨勢，搭上浪潮

數位科技的興起讓進入市場的門檻相對降低，身在快速變遷的時代，數位行銷的管道很多，重要的是願意快速調整的思維，具備靈活的思維，剩下的就是找到工具了。常常讓自己吸收新知，關心時事，觀察什麼樣的工具能對自己的事業帶來成長，什麼樣的平台、服務、產品、話題是流行的，都去沾個邊，測試一下，領先其他競爭對手發現藍海！

天空傳媒的共同創辦人程九如、鄭慶章早在十年前預測，以後所有電視購物的形式會轉換到網路上面，AppWorks創辦人林之晨七年前就開始提醒大家，傳統電視客群終將開始流失，廣告主的資金也會跟著向網路流動，大家應該要提早開始做準備，因為在網路影音領先我們數年的美國，開始有這樣的趨勢。

雖然當時台灣第四台的訂戶不斷增加，廣告收益也是雙位數的一直成長，前景一片看好。就有人說台灣美國的民情不同，不能這樣類比。但時間快轉四年，網路4G開跑，大家已經把所有的專注放在直播跟網路上。電視圈已經錯失最好的備戰期。馬雲說：「看不到、看不起、看不懂、看不及」，精準的描述台灣電視圈面對數位顛覆時代的心態轉變。

做電商也一樣，必須搭在浪潮上才有機會，今天Facebook鼓勵直播，就要去搭上風潮，不要驕傲得不去了解新的模式。

一個產業起飛時，就不能再安逸，每天睡覺之前都要研究這些科技能夠為自己的公司帶來什麼樣的益處。像是現在AI起飛的時代，團圓堅果就和High5聊天機器人Chatbot合作，引進智慧聊天客服，提升轉換率。

又例如現今直播用戶不斷上升，電商從業者就要去了解這個趨勢，想辦法搭上風潮。畢竟人性不變，只是媒體媒介的不同，競爭對手少的時候就要趕快去佔領市場，想辦法變成獨佔。

舉一個實際的數字，普遍一篇貼文自然觸及的部分大約就是10%，可是我們發現直播自然觸及可以到達100%，Facebook大量鼓勵大家去做直播，你去做，老大就會給你甜頭吃。

 段落小結：

新的工具與技術如雨後春筍般出現，就如同Facebook的興起，讓不少公司得以起飛展翅，乘著這股新趨勢的浪潮，就有機會以小搏大。因此，在新科技掀起革命時，我們要隨時保持敏銳度，配合產業的需求加入新技術。馬雲說，守舊的企業面對新興事物時會經歷看不見、看不起、看不懂、來不及四個階段，新創就是要贏在這裡，在對手還沒意識到趨勢時，攻下自己的城池。

Ecommerce
Zero to One

品牌力 ——————————

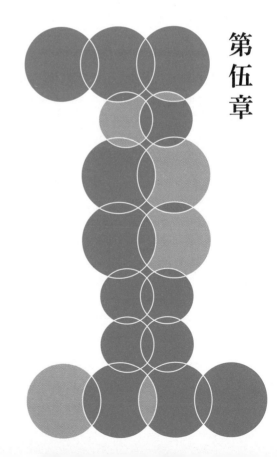

第伍章

第伍章、品牌力

　　經營電商品牌，好比管理一座城市，具有相當大的挑戰性。品牌力如同城市的優質機能，讓人傾心嚮往；產品力如同完善的公共設施，增強城市整體魅力。掌握這兩項關鍵要素，容易吸引市民前往居住，久而久之，市民享受城市裡的設備服務，就不願意離開了。無論是經營電商或者管理一座城市，執行策略上都不可短視近利、忽略長遠目標，畢竟品牌和城市都渴望著永續經營，誰能有效規劃完整配套措施，就得以發揮潛力、創造獨特性。因此，產品服務到品牌價值，每一個環節都將成為致勝關鍵。

　　如前幾章提及的內容，若你經營電商一陣子，嘗試各式行銷管道，找到適合的經營模式後，一定能建立起自己的小村莊。本章將會延續說明，當品牌有個雛形後，如何擁有獨特的品牌價值，先將目標設立在成長為大城市，跟著我一步步領略新的品牌思維。

一、產品生命週期

生活市集創辦人郭書齊曾說，電商初期須仰賴強而有力的商品衝高市占率，度過一層層的電商關卡，月營業額從三十萬、一百萬到三百萬。只單靠一兩個強力商品就會遇到第一個門檻：月營業額難以超越三百萬。若想持續擴張成長，電商得發展明星商品之外的商品，藉由明星商品切入賣點，逐漸把市場打開，提供不同組合讓消費者挑選。

每間公司成長的路徑不盡相同，從零到一之後都是一則則故事。產業的門檻不同，決勝的關鍵點也不同（可參考 p.80 曾經提過的黑盒子理論），經營過程中要不斷回頭檢視並修正，了解自身優勢與劣勢。俗話說得好，成功不能複製，但失敗可以盡力避免，本節延伸過去產品生命週期的概念，依序從**導入期、成長期、成熟期**到**衰退期**，說明電商品牌中的產品和品牌歷經路程，不同時期可能要注意到的核心要點，以防患未然。

　　產品生命週期（Product Life Cycle）是非常重要的商業觀念，它與產品在市場中的發展策略有著莫大的直接關係，透過定位產品在生命週期的階段，找出相對應的**產品研發策略、市場行銷策略、通路拓展策略**以及**價格訂定**等策略，帶領產品持續成長，逐步搶攻市場。

　　接下來，就讓我們一起來了解產品生命週期的各個階段吧！

	導入期	成長期	成熟期	衰退期
產品	樣式少簡問單	增加樣式與功能	樣式功能最齊全	縮減或客製化
定價	高價	價格微降	價格降至最低	穩定或微漲價
行銷	產品的認知	強調品牌差異	競爭者顧客轉換	維持市占
通路	有限通路	增加通路	通路最廣	刪減無利的通路

● 產品生命週期（Product Life Cycle）各階段比較圖

導入期：增強產品力

在沒有大量資金、商品數較少的創業初期，首要目標不是想辦法賺大筆的錢，而是要拓展品牌的知名度，打造符合市場需求的產品，想辦法達到「產品與市場相契合 Product Market Fit」，將自家商品帶進消費者的內心深處，此時期就叫「導入期」。

在這個時期中，可以將自己定位成「小而精」的電商，如同第二章所提到的：透過精準的消費者調查，找到一個最適合的小眾角度切入、完全打中痛點的明星商品，做出市場區隔。畢竟現在已經沒有肥美的大單，只有最精準的小單，面面俱到的雜貨供應不是一個好的起手，運用物美價廉取得的優勢，不但比不過市佔率高的大電商平台，反而會顧此失彼沒辦法提高品質，淪為泛泛之輩。**故在產品導入期，請專心研究目標客群的需求，推出產品力強、無可取代的品牌主力商品。**

例如：吸黑頭粉刺神器、機器手臂、虛擬實境裝置

 小知識：

導入期階段的產品數（SKU）少且簡單；定價價格高；通路有限且特殊。此時應著重在增強產品力，抓住早期精準客戶。

成長期：深耕市場

在導入期階段成功達到「產品與市場相契合Product Market Fit」並抓住小眾後，產品就會在市場逐漸發酵，為品牌的成長打下了良好基礎，此時產品的銷量會逐漸增加，邁入成長期。當導入期用強力商品進場時，競爭對手定會爭先恐後地模仿，這時就該運用主力商品，快速拓增通路、強調品牌差異化，持續攻佔市佔率。

大多數的公司都會在成長期階段推出不同的產品與服務，解決與日俱增的用戶需求。**成長期是攻佔市佔率的關鍵時期，此階段應積極開拓大量用戶、擴增通路，並樹立難以攻破的商業壁壘。**

當銷量快速增加、產品多元化發展，此時的生產成本相較於導入期要低許多，因此就有一定的資源去改善服務品質和研發新商品，亦能增添生產設備、增加團隊成員。此外，嘗試多元的行銷管道，挑選性質相符的購物平台、線下專賣店等，一邊測試不同族群對產品的接受度，一邊修正產品和品牌的小細節，持續觸及更多的潛在顧客，建立市場上的品牌知名度。

例如：奈米面膜、多口味爆米花、髒髒包

 小知識：

> 成長期階段的產品邁向多元且豐富；定價價稍降；通路日益漸增。此時應藉由主力商品，快速拓展品牌聲望。

度過成長期，電商已具有相當規模，且產品被大多數消費者接受，銷售額也有不錯的成績。然而，**成熟期市場的需求達到飽和，成長速度也逐漸趨緩甚至轉為下滑，此階段須找尋有效對策，使品牌永續經營。**

許多品牌在成熟期階段，為了鞏固市占率、擊退新興品牌，以降價的方式相互掠奪市占率，削價競爭往往成為成熟期的公司會採取的手段，更導致業主不得不差異化產品，投入鉅額資金研發新規格、樣式、包裝、服務等，在成本上造成負擔，侵蝕利潤。

價格並非唯一競爭力，一味砍到最低價，並不是好的品牌策略，提升品牌價值，才是永續經營的方式。若搭上科技趨勢，運用有效的行銷模式和實質的服務升級，定能為品牌帶來莫大的效益。例如食品電商運用直播方式熱賣產品、網拍服飾利用聊天機器人和顧客互動，持續串連品牌和顧客的關係、縮短兩者之間的距離感。

例如：Apple iPhone、Xbox、多功能平板電腦

 小知識：

> 成熟期階段的產品數（SKU）最多且最齊全；定價價格降至最低；通路最多元且廣。此時著重在市佔率的搶攻，擊退競爭對手。

衰退期：汰弱留強

由於現今電商門檻較低、競爭者眾多，品牌應知己知彼，時常專注於顧客管理、提升回購率的方法，尋覓品牌的一線生機。隨著科技的發展以及消費習慣的改變，產品和服務必須保持彈性，因應不同族群的消費者、給予客製的商品組合模式，創造獨特的品牌價值和核心精神。

當產品面臨過時或是老舊，不但沒有任何利潤可言，更無法符合消費者的需求，此類型產品的生命週期也逐漸走向盡頭。**在衰退期，品牌就該汰弱留強，將不合時宜的產品淘汰，找尋下一個性能更佳、性價比更高的替代產品。**

若無法達到以上特點，從良好的品牌形象、優質的產品服務，到足夠的市佔率等，將容易被產業中的巨獸（FANG）逼退，完全退出市場。

例如：柯達Kodak 底片相機、Nokia 3380、Motorola

 小知識：

衰退期階段的產品數（SKU）縮減且邁向客製化；價格穩定或微漲；通路逐漸刪減。此時應著重在開發新產品，避免被市場淘汰。

二、回購Retention

　　每種商品或服務最終都將進入衰退期，端看市場願意接受的時間長短。可以避免的是，品牌極盡所能掌握每一產品的週期，不斷因應市場推陳出新，努力維持曲線的高峰，避免讓品牌跌入衰退期。

　　當產品進入成長期後，回購率是必須掌握的一項關鍵數據，它是美好循環的開始，也是電商能利用最少成本獲利的好方法。更常見的運用是應用程式或社群軟體，回購的概念包括用戶的使用頻率和時間，若用戶愈頻繁地使用、時間愈長，代表著用戶黏著度越高，與產業中的競爭者一比較，馬上就能發現孰弱孰強。因此，提升產品和服務的回購率，也是永續經營的必要手段。

　　還記得我們提過的黑盒子嗎？不斷優化購物和服務流程，像是為黑盒子填補漏洞，往後我們就能在黑盒子裡經營顧客。接下來，我將黑盒子和顧客分別比喻成魚缸和金魚，一起思考如何運用於自身品牌。

一開始，我們會買一些金魚放進魚缸裡飼養，看牠們喜不喜歡這裡的環境，一邊改善生活條件，一邊讓更多的魚住進魚缸裡，此時金魚的數量自然會變多。其中的關鍵就是，打造舒適的魚缸，讓客戶體驗達到完美，讓魚群喜歡待在魚缸裡，甚至是邀請親朋好友搬進魚缸一同居住，在魚缸中繁殖後代。

如此一來，回購的概念淺而易懂，回購不僅能使用戶增加，更能建立起一個完整的生態系。相反地，如果魚缸的環境不佳、飼料不優質或設施不完善，買進來的金魚只會不增反減。

● 示意圖：魚缸／電商體質、金魚／顧客

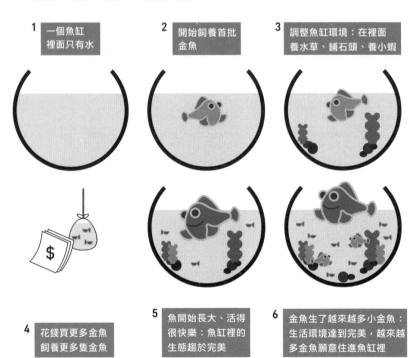

1 一個魚缸裡面只有水

2 開始飼養首批金魚

3 調整魚缸環境：在裡面養水草、鋪石頭、養小蝦

4 花錢買更多金魚飼養更多隻金魚

5 魚開始長大、活得很快樂：魚缸裡的生態趨於完美

6 金魚生了越來越多小金魚：生活環境達到完美，越來越多金魚願意住進魚缸裡

打造一個完善環境，魚水共榮

經營電商能採取什麼方式提升回購率呢？這裡分享四大訣竅，致力成為永續品牌。

◎發送電子報 Email Direct Marketing

耳熟能詳的**電子報EDM（Email Direct Marketing）**，屬於傳統的行銷方式，藉由發送電子信件給用戶，達到推廣產品、服務之目的。現今電子報的開信率約為5~15%，倘若能把握好寄送訣竅，與顧客雙向溝通，有機會達到30％以上的開信率以及1～2%的轉換率（可參考 p.234 EDM小撇步）。

電子報最大的優點：**運用低廣告成本再行銷，以顧客為中心，建立客製化服務經營客戶關係**。台灣在EDM的運用效率上，還有許多發揮的空間，多數的台灣電商主要還是依賴社群以及聯播網關鍵字廣告，換句話說台灣EDM能開發的空間還是相當大，當然並不是無故地濫發，掌握電子報將會是經營回頭客的一大關鍵。

◎推播通知 Push Notify

無論遊戲、社群、購物APP、Messenger或是Line@，都一定會有推播通知機制，在特定時間、特定活動、對特定的人進行推播。倘若有使用Chatbot以及購物APP的電商，通知推播是不可或缺的再行銷手法。

根據尼爾森2017年的調查，會在線上進行交易的行動裝置用戶，人數已大幅領先桌電用戶，在手機上做通知是趨勢，也是相當有效率的手法。推播通知的重點在於「客戶分群」，找出不同TA對不同產品的購買週期，**在對的時間把對的訊息推播給對的人，讓顧客能夠持續穩定的回流，**增加日活躍用戶數量DAU（Daily Active User）、月活躍用戶數量MAU（Monthly Active User）以及回購率Retention。

團圓堅果在推播上就與Chatbot結合，利用Messenger提供消費者完善的購買流程，依照消費者在Messenger所購買的品項將顧客自動分群，再依據顧客的購買週期推播他們喜歡的產品組合，達到提升回購的效用。因此，主婦們在下午茶時間就會收到一家四口堅果需求量的優惠方案；小資族於午休時間就會收到辦公室團購的優惠訊息；有烘焙需求的顧客就會收到三公斤大包裝堅果的促銷訊息。對顧客而言，以上資訊就不會是毫無關聯的垃圾訊息，而是容易促成回購的精準再行銷。

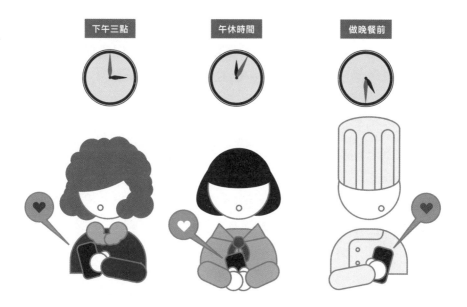

● **主婦們**在下午茶時間就會收到**一家四口堅果需求量**的優惠方案

● **小資族**於午休時間就會收到**辦公室團購**的優惠訊息

● **有烘焙需求**的顧客就會收到**三公斤大包裝**堅果的促銷訊息

◎發展訂閱制 Subscription

　　若是想讓顧客持續、穩定的重複購買，並有效提升回購率，一定不能不提到「訂閱制」的服務！這是最簡單，確也是最多電商忽略的再行銷手法。

　　訂閱制的服務隨處可見，例如：羊奶配送方案、報章雜誌週刊、歪國零食嘴每月辦公室零食配送以及MOD線上影城。訂閱制的核心概念就是請顧客預先付款，公司再以固定的時間頻率配送產品或服務，讓這群用戶養成固定使用產品與服務的習慣，成為忠實顧客。**訂閱制不僅能預先收款、提高客單價，更能培養消費者成為重度用戶，建立穩定的消費循環！**

　　吸引消費者成為訂閱制會員最常見的手法，莫過於提供專屬贈禮、折扣或是特殊服務作為獎勵，試想：將原先開發新客的廣告成本，補貼給忠實顧客，不但能擁有穩定的回購，更能省去開發新客的時間成本，顧客還有很大的機會幫品牌背書、宣傳推廣，可說是百利而無一害。

◎創造品牌粉絲 Fan Base

2018年電子商務趨勢邁向社群化導向，從購物體驗到品牌溝通都是電商經營者的佈局重點，如何有效經營品牌粉絲更成為了電商最重要的課題之一。當品牌有了一群願意擁護品牌的愛好者，顧客便會替品牌背書、扮演意見領袖，推廣好的產品給親朋好友，進而創造電商高回購的佳績。

台灣粉絲經濟的典範之一：iCook愛料理，從不採取削價競爭，亦不在商城販售第二種同類型產品的品牌，透過「內容行銷」建立強大的社群網絡，並藉由舉辦VIP活動和提供新產品試吃，將優惠措施拿捏恰當，臉書粉絲數超過190萬，將粉絲流量變現，回購率高達五成以上。

社群粉絲的經營並非一蹴可幾，本章特別將「社群經營」獨立介紹，讓大家逐步瞭解社群經營的訣竅。（參見本章p.286 社群王朝）

三、顧客終身價值 LTV

「抓住眼前的獲利是聰明，放棄眼前獲利，去追逐長期的效益是智慧。」
————— 林之晨

◎LTV 究竟是什麼？重要嗎？

顧客終身價值LTV（Lifetime Value）是電商圈熟知的名詞，更是品牌經營者不可或缺的衡量指標。顧客終身價值LTV代表一名顧客在一定時間內能為品牌帶來的營業額。假設獲取一名顧客的成本（CPA，Cost Per Acquisition）需要五百塊，但這位顧客在一定時間內，扣除成本可以貢獻的消費金額（LTV，Lifetime Value）遠遠超過五百塊，那麼就值得花這筆錢。

從上面的例子，我們可以得出當**LTV>CPA**，那麼綜觀來說這位顧客是值得投資的。

理論上，不管經營哪種產品或服務，所要追求的即是成本費用越低越好，顧客終身價值越高越好。顧客終身價值就是回購率的體現，當一名顧客持續購買，他對品牌的終身價值就會越高，電商體質亦會因此更加健全。

舉例而言，電商品牌Lativ的回購率高達九成，等同凡購買過Lativ的消費者，就有高達九成的消費者會購買第二次，每一位顧客的終身價值可說是非常可觀，因此能大幅降低廣告成本、不需用多餘的廣告費吸引同族群的顧客，靠著回購率衝高顧客終身價值。

LTV並不是一般數據後台會呈現的數字，必須了解顧客的回購率與回購週期，才能將其估算出來。然而，許多電商都有共同的盲點，認為廣告CPA越低就越成功，就不特別　估算LTV。但其實說穿了，經營品牌就是經營顧客的終身價值，對電商品牌來說，掌握顧客的LTV才是最重要的關鍵。

　　我在實施行銷策略時，堅守LTV大於CPA的原則，認為每個行銷策略背後真正的目的，就是投資LTV高的消費者。很多人會覺得在網路上賣東西，就是一次性的銷賣，把產品售出就是最終目的，所以不斷的祭出折扣戰，下殺、優惠樣樣來，所購買的客戶往往都是無LTV可言的一次性消費，不但不能把花出去的廣告費用賺回來，亦無法設定Lookalike的相似受眾。**「抓住眼前的獲利是聰明，放棄眼前獲利，去追逐長期的效益是智慧」** 用來描述LTV的重要性再適合也不過。

 小知識：

LTV與CPA是衡量顧客價值非常好的方法之一：**當LTV＞CPA**，顧客多次的回購將帶來豐厚的利潤，效益遠超過第一次獲取顧客所花的廣告費用；**當LTV＝CPA**，顧客數次的回購將帶來不錯的利潤，雖然損益兩平，但仍可透過再行銷等方式促使消費者再次購買，效益大於第一次獲取顧客所花的廣告費用；**當LTV＜CPA**，顧客的回購次數用兩根手指頭就數得出來，完全不值得投資，效益遠低於第一次獲取顧客所花的廣告費用。

◎要如何計算LTV呢？

以下用兩個實際案例，帶大家認識LTV的觀念

案例一、假設一件商品原本售價是100%，為了用優惠促銷吸引消費者，全館下殺八折免運，末端售價剩80% ，補貼消費者運費又再少了5%，扣除生產成本50%，毛利只剩25%。然而，削價競爭以及免運優惠的行銷策略，標題聳動、折扣吸引人，點擊率自然較高，廣告花費也相較低，廣告成本算15%好了，扣除零零總總，每賣出一個產品就可以賺10%的利潤。

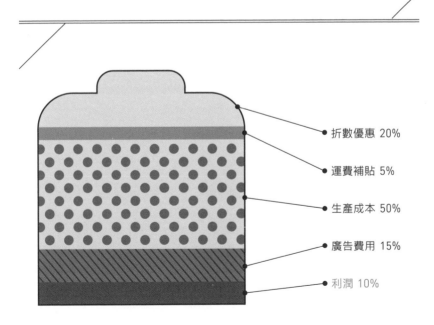

折數優惠 20%

運費補貼 5%

生產成本 50%

廣告費用 15%

利潤 10%

　　上述案例並沒有考慮LTV，購買的人數即便再多，所獲取的顧客大多是因為促銷優惠而購買，並非精準的目標客群，當折扣不再，回購率往往都會非常的低。此外，由於消費者大多抱持著促銷嘗鮮的心態，只會購買一些嘗試，LTV通常僅等於平均客單價（ASP）。

　　這樣的行銷方式只考量到利潤大於CPA，抱持著商品有賣就有賺，是還沒有具備完整的品牌思維：利潤比成本高，賣多少就賺多少。品牌的經營絕對不能如此的馬虎，必須考慮到消費者的「顧客終生價值LTV」。

讓我換個計算法，讓大家知道LTV的重要。

　案例二、假設一件商品原本售價是100%，生產成本一樣是50%，沒有做任何的促銷跟折扣，為了獲取精準顧客，鎖定特定族群的廣告費用相較高出許多，假設40%全部拿來投廣告，由於廣告精準，來的客人比較精質，更容易達到免運門檻，品牌只需負擔運費成本5%，這樣算下來的結果，每賣出一個產品就可以賺5%的利潤。

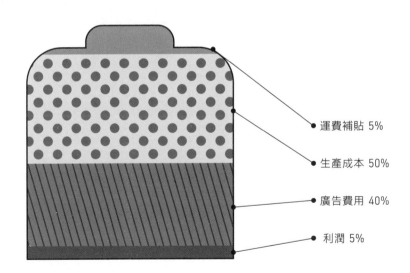

運費補貼 5%

生產成本 50%

廣告費用 40%

利潤 5%

　　單就數字面而言，案例一的利潤是案例二的兩倍，因此絕大多數的人當然選擇利潤10%的銷售模式。很多人都只會看後台數據，CPC越低越好、流量越多越好，轉單越多越開心，這些數字很直觀沒錯，但是不去思考背後的原因跟形成方式，就是被數字所束縛住了，沒有辦法再往前邁進一步。如果考量到回購以及LTV這兩個面向，你會發現案例二的銷售策略才是長遠的。

　　在案例二當中，精確的廣告帶來精質的消費者，倘若產品力夠強，符合消費者的需求，回購率自然會高的驚人。團圓堅果就是靠著獲取精質顧客，達到了42%的高回購率，平均客單價高達一千四百塊，以長遠的角度換算下來，利潤孰優孰劣一目了然。

以案例一為例，假設一年為一個檔期，總共賣了一千個組合，在不考慮LTV的情況下利潤為：

1,000（組）X1,000（售價）X10%（毛利）+ 0（回購）=100,000

這是一年所賺取的利潤為十萬塊。

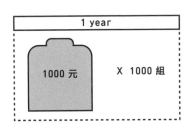

以案例二為例，同樣條件，在考慮LTV的情況下利潤為：

1,000（組）X1,000（售價）X 5%（毛利）+0（回購）=50,000

以及顧客在未來所貢獻的40%回購率，一千名消費者就有四百人會購買第二次，其中因為是回購購買，因此無廣告費用。成本就只剩下免運優惠的5%跟原本貨物成本的50%，算下來就有45%的利潤，這一檔期的回購效益即為：

1,000（組）X40%（回購） X 1,000（售價）X 45%（毛利）=180,000

兩者相加
50,000 + 180,000 總共利潤為 230,000

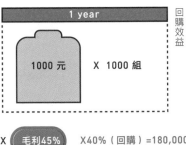
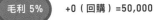

　　我們得出，如果抓住了眼前的利潤，你能聰明地賺取五萬塊利潤；但若是放棄眼前的獲利，追逐長期的效益，你能有智慧地賺取二十三萬的淨利。

　　可以看出**案例二**明顯優於**案例一**的銷售方式，而且回購的人數還會不斷的增加，是個健康的循環，這樣才是正確的行銷方式，不能只是一味追求後台數據的提升，要仔細想想背後的邏輯是什麼。考慮的是品牌的發展而不是目光短淺的短期獲利。每一次的優惠、促銷活動都要考量是不是對LTV有利，不能在一波促銷活動之後只有微薄的利潤，這樣反而對品牌經營是有害的；反之，考慮過LTV，就算這一檔促銷會有虧損，但能吸引精質的顧客或是回購，那也是值得的。

◎ LTV行銷二選一

在執行每個行銷活動時,都要好好思考長期效益是否大於短期獲利,此小節將深入探討三題行銷上常見的選擇題,希望讀者能清楚了解LTV大於CPA的重要性。而背後的策略都將與LTV緊扣,以追逐長期效益為主要目標。

請讀者先自行思考答案,想想看為什麼會做這樣的決策,思考的脈絡為何?想完後再繼續看下去吧!

問題一、面對CPC五塊的廣告和CPC十塊的廣告,該留哪一則?

問題二、訂定免運門檻時,要調降免運門檻,使加入購物車後的購買比例提高;還是把免運門檻提高,但加入購物車後的購買比例降低?

問題三、臉書粉絲團成立初期,花一萬塊替粉專買十萬個讚,要還是不要?

思考完了嗎，以下答案背後的邏輯都會以LTV為核心，不能只是想要省錢，必須要以品牌經營的角度去選擇，從顧客的終身價值出發。

一、面對CPC五塊的廣告和CPC十塊的廣告，該留哪一則？

「廣告CPC超過多少就該關掉？」、「我昨天的 CPC 竟然投到20塊耶，超高的！你居然才2塊而已？」在跟許多廣告投手交流時，CPC的拿捏一直是熱門話題，更是我最常被問到的問題。廣告CPC是我們衡量廣告成效的指標沒錯，但一問到CPC五塊跟CPC十塊，兩個廣告究竟誰好？

抱歉，單就數字面兩者根本無從比較。

以下面的表格舉例說明，高級皮包的CPC200元、ASP2萬元、CTR20%、CVR10%，而利潤80%；按摩椅的CPC300元、ASP10萬元、CTR10%、CVR5%，而利潤70%；韓系服飾CPC2元、ASP1000元、CTR 10%、CVR2%，而利潤50%。

	高級皮包	按摩椅	韓系服飾
CPC	200	300	2
ASP	20,000	100,000	1,000
CTR	20%	10%	10%
CVR	10%	5%	2%
利潤	80%	70%	50%

當把相關數據放在一起，就會發現要比較的不單單只是 272
CPC那麼簡單而已，相關的變因皆環環相扣，直接拿CPC比大
小根本沒有意義。可以肯定的是，光就CPC做比較是沒辦法好 273
好解釋這則廣告優劣與否，必須要將所有數據納入考量才行。

以下做個簡單的試算，你就會發現道理為何：

高級皮包每一次轉換，必須獲得50次點擊，所花費廣告成本為10,000塊

ASP 20,000
每次轉換的利潤扣掉成本=

20,000 x 80% - 10,000 = 6,000

按摩椅每一次轉換，必須獲得200次點擊，所花費廣告成本為60,000塊

ASP 100,000
每次轉換的利潤扣掉成本=

100,000 x 70% - 60,000 = 10,000

韓系服飾每一次轉換，必須獲得500次點擊，所花費廣告成本為1,000塊

ASP 1,000
每次轉換的利潤扣掉成本=

1,000 x 50% - 1,000 = -500

我們可以發現，CPC的大小與產品利潤並無直接的關係，
各領域的產品性質差異甚遠，無法做直接的比較。所以重點就
不會單純考量數字所呈現的「點」，兩個數字比大小是一點意
義都沒有的，必須要把所有的數據一起比較，形成「線」跟「
面」的比較，包括客單價、回購頻率、點擊率、轉換率以及
LTV等參數，綜合的考量才會有價值。

二、訂定免運門檻時，要調降免運門檻，使加入購物車後的購買比例提高；還是把免運門檻提高，但加入購物車後的購買比例降低？

在回答這題選擇題之前，我們首先要瞭解數據的重要性，利用數據掌握「消費者每一步的使用流程」是電商必備的能力。

以下我們舉團圓堅果的數據作為案例，從後台數據顯示，當免運門檻訂定在兩千塊時，即使廣告貼文點擊率高達14%，亦有5%的消費者將第一件商品加入購物車，但最終加入購物車比上結帳比卻只有15%，轉換率連1%都不到。

在了解消費者購物行為後，才發現對於顧客而言，兩千塊的免運門檻對於目標受眾是不友善的，更違背了他們購買堅果的消費習慣，才會呈現如此低迷的轉換率。為了節省眼前的小利，反而讓自己流失掉更多廣告費以及轉換，便是短視近利，沒有清楚思考LTV的後果。（可參考 p.88 調整免運門檻）

而後，我們從LTV的角度出發，追逐長期效益，將免運門檻調整成一千兩百塊，寧可補貼消費者運費，也不願損失淺在客群。結果非常驚人！同樣的條件，每一人加入購物車就會有一筆轉換，相當於加入購物車比上結帳比高達100%。

案例一、在免運門檻1200元的情況下帶來了100筆轉單，平均客單價1200元，總共創造了十二萬的營收，運費補貼總額為70（元）x100（訂單數）=7,000（運費總額），廣告損失費用為150（每次加入購物車的廣告成本）x 0（流失人數）= 0（廣告損失成本）。

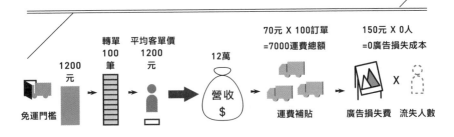

營收 - 廣告成本 - 運費補貼費用 = 120,000（元）- 0（元）- 7,000（元）= 113,000（元）

案例二、在免運門檻2000元的情況下只帶來了20筆轉單，平均客單價2000元，總共創造了四萬元的營收，補貼運費總額為70（元）x20（訂單數）=1,400（運費總額），廣告損失費用為150（每次加入購物車的廣告成本）x 80（流失人數）= 12,000（廣告損失成本）。

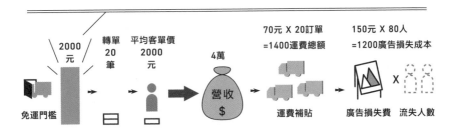

營收 - 廣告成本 - 運費補貼費用 = 40,000（元）- 12,000（元）- 1,400（元）= 26,600（元）

　　如此一來，我們就能清楚地瞭解掌握數據的重要性，即使負擔一些成本，卻能獲得更大的效益。

掌握數據、消費者行為並考量LTV才是有遠見的電商經營者。

	廣告CTR	加入購物車比率	加入購物車結帳比	廣告損失成本	運費補貼	效益粗估
免運門檻1200	14%	5%	1：1	0人x150	70x100	113,000
免運門檻2000	14%	5%	7：1	80人x150	70x20	26,600

 段落小結：

　　可以看出案例一明顯優於案例二的定價策略，案例二看似節省了運費成本，卻損失了鉅額的廣告費用，不但賠了夫人又折兵。反觀案例一，雖然補貼了消費者貨運費用，但轉換率卻大幅提升、營收倍增。在這個實例中，我們可以了解在定價策略上LTV亦扮演著非常重要的角色。

Ø Bonus 廣告再行銷 Remarketing

大家可能有個經驗，在線上賣場隨意逛逛時，走馬看花幾件商品，沒有購買就離開頁面後，其他網站出現的廣告，可能就是你剛瀏覽過的商品。有些人則因突發狀況，例如臨時的電話接聽、與他人交談等，跳出購買流程而沒有完成購物，此時，我們就得想辦法把這些購買意願較高的顧客尋找回來，進行**再行銷策略**。

追回流失顧客所需要的廣告成本，僅需原訂單取得成本的五分之一。例如原先花費兩百元廣告費促使消費者進入商城將商品加入購物車，但最後並無實質轉換，接下來，只需再花費四十元廣告費再行銷，便能使顧客成功下單，這張訂單的訂單取得成本就是兩百四十元。舉例來說，有一百位顧客瀏覽商品頁面並成功將商品加入購物車，卻因突發狀況跳出頁面，倘若後續並沒有再行銷，等於直接虧損兩萬元的廣告費用。反之，如果善用再行銷，只要再多花原廣告五分之一的費用就能獲得轉換 ，平均客單價若為一千元，營收就會是十二萬元 。

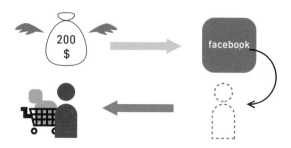

花費200塊廣告費,從Facebook獲取一位顧客進入商城,並將產品加入購物車

顧客跳出購買流程,無購買行為產生
(如果停在這個步驟,沒有做再行銷追回顧客,等於直接損失200塊廣告費)

只要再花200塊的 $\frac{1}{5}$ = 40塊,即可追回一位顧客購買

成功取得一筆一千元訂單

　　多花費四千塊進行再行銷,就有機會獲取流失的十二萬元
訂單,這就是廣告再行銷厲害的地方。如果在實體店面瀏覽產
品,會因為趕時間、當下購物慾望低、買了其他類似產品等因
素流失顧客,若要顧客再回到實體店面購買的機率非常非常的
低。讓顧客流失是極為可惜的事,反觀電商能運用數據和廣告
做到再行銷,把握每位潛在顧客,也是近年不斷成長的原因。

三、臉書粉絲團成立初期，花一萬塊替粉專買十萬個讚，要還是不要？

在回答第三題之前，我們先來了解臉書的觸及演算法，臉書觸及演算法是採取隨機抽樣的計算方式，每次粉專文章發布時，臉書會隨機抽樣5～10%位粉絲，進而在他們的動態牆上曝光貼文，再根據粉絲對貼文的點擊及互動等數據進行評分，只要評分超過平均標準，臉書就會讓該篇貼文再觸及另外5～10%的粉絲，如此重複循環，直到觸及分數不再達標。反之，就算你按了某專頁讚，但是他的貼文出現動態後，你持續忽略不進行互動，FB就會判定這粉專的內容與你不相契，就會導致該粉專的貼文消失在你的動態上 ，再也不會出現。

由此可知，不會進行互動的殭屍帳號根本不能帶來效益，反而會促使粉專加速死亡！即使殭屍帳號還是有人在正常使用，但這群人的消費者輪廓壓根和產品毫無關聯。假設一家珠寶店購買了十萬個讚，但是這群帳號的使用者根本對珠寶沒有興趣，在粉專發布貼文時完全不會進行互動，臉書持續抽樣的結果就是貼文的觸及不斷降低，直到這個粉專消失在動態之中。

另一方面，好不容易出現了對珠寶店有興趣的目標受眾，想獲得更多專頁資訊，但是其他90%的殭屍帳號對專頁內容毫無興趣，完全不會跟貼文互動，甚至屏蔽。Facebook演算法就會以此判斷，剩下10%的受眾也不會喜歡這些內容，影響到真正對產品感興趣的目標觸及。所以當粉絲都是假人頭時，貼文觸及率只會越來越低，低到這個粉專自然被淘汰，正式死亡。

這樣的行銷模式能讓臉書的粉絲一夕增加，也許消費者會受讚數影響，覺得專頁具有可信度，可以嘗試首購。但沒有考慮LTV就買粉絲的後果，只會讓專頁觸及率、互動率持續下降。購買人頭粉絲只是追求一時數字，但金絮其外，敗絮其中。與其一步登天追求虛名，還不如一點一滴的去找認真經營精質的粉絲，培養自己的顧客，學習找到自己品牌的消費者輪廓才是根本之道。

以上三個例子，應該能讓你清楚了解LTV的重要性！行銷活動是否有達到品牌真正的效益就是靠此衡量。雖然前面幾章跟讀者提過，數據是電商致勝的關鍵，但是不能只是數字上的追求，看不見的LTV反而是你成長的關鍵。CPC、CPA、這些電商數據只是點，但經營起一個品牌卻是從線、面、體層層連結的過程。

◎ 快速成長也別忘了LTV

當電商快速成長時，要搶佔市佔率必須投入相當大的廣告成本，若是為了強調曝光而不精選廣告受眾，造成轉換率不高就如同把錢撒向大海，是無用的行銷；再者為了配合大量曝光帶來的高需求量，產能勢必要提高。銷量高卻沒有顧好產品品質、售後服務等細節，使顧客產生不好的購買經驗，消費者是敏感的，一兩次的出錯後便不會再買單，更遑論成為意見領袖推廣產品。故大量廣告曝光是沒有辦法留住顧客的，僅一次性的購買，對於品牌的永續經營是非常不利的。要擴張版圖、加速成長時也不能忘記 LTV 的概念，追逐長遠的獲利才是智慧。

此外，高營業額的企業也都會著眼於長遠的收穫，甚至犧牲大部分的淨利去布局未來，為的便是建立往後的競爭壁壘，這部分也是大家時常所忽略的。舉 Amazon 和 PChome 為例，十年前它們斥資數億所建立的物流中心和管理系統，讓財務報表顯得非常難看，在當時看來是愚蠢可笑的，但人們萬萬沒想到十年後的今日，卻成為了它們大打電商戰的最佳優勢。

我們可以發現，營業額大的電商常常會為了加大產能投入更多資金打造倉儲與設備，然而這部分在短期是不容易回收的支出，但 PChome 願意投資在未來上，也讓蝦皮搶攻台灣市場時，還能用快速到貨的服務與蝦皮周旋。

基於以上幾點說明，更凸顯了長期效益思考的重要性。必須了解自己的公司處於怎樣的狀態，才有辦法訂出LTV效益的策略。當小電商為了取得大量的顧客，無條件地以紅海式的削價競爭，效法大企業大打運費補貼和下殺手法，取得的都是非常不精質且沒有意義的會員名單，一但優惠結束，便沒有使這群客人再次購買的動機，也就沒有終身價值LTV（Lifetime Value）可言，倘若競爭優勢只剩下價格，小電商便難以永續經營。

四、品牌力再增值

◎擴充產品數、強化產品力

還在倚靠明星商品來衝高銷售量嗎？如果是的話，應該趕緊執行下一步對策，避免紛絲快速離開。僅剩下幾支商品在獨撐品牌的狀況時，最快的方式是與供應商策略聯盟，這時負責產品開發的夥伴扮演著重要的角色，發想創意點子、擔任溝通媒介，致力獨創出粉絲會喜愛的商品。

快時尚的時代，每支產品的生命週期變得較短，其中3C產業和服飾業更為顯著，過去可能一年只推出一支新品，如今每季都會有新的主打商品。當消費者一接收到新資訊，可能就會想嘗試新事物，加速產品在市場中的壽命減退。況且，消費者的購物管道多元，對於品牌的忠誠度日益驟降，由於購買主導權仍在消費者，貨比三家找到性價比高的商品並不困難，若無法定期推出新商品，難以抓住消費者的目光，一旦回購率下降，品牌力度不增反減，電商經營起來就困難重重。

新產品往往被期待著抓住顧客的目光，行銷策略無疑是最直接的步驟，而產品力則是最關鍵的一環。舉例來說，從日本紅到台灣的「液體衛生棉」，宣稱告別黏膩的生理體驗，第一步即打中女性的痛點，一開賣即掀起全台熱潮，初期在全聯福利中心迅速銷售一空。然而，往後的銷售量是端看產品的功能及特性，能否促使顧客不斷回頭購買。因此，我們得盡可能掌握產品週期和力度，保持靈活和隨機應變的策略，避免走向衰退期。

◎ 聯名技巧

一個良好的品牌，推陳出新是必然的。一再強調的「消費者訴求」將是致勝關鍵，至於要如何將潛在需求體現在產品上，必須先足夠了解顧客可能有興趣的話題，甚至分析他們關心的議題和活動，進一步採取行銷上合作，達到雙贏。

品牌聯名是常見的行銷策略，利用各自的品牌優勢將商品或服務推廣出去。許多人認為，迪士尼或三麗鷗等知名公司，不易談到聯名合作，事實上，相較於獨立的圖文作家，也許他們更願意釋出知名IP（Intellectual Property）的使用權，加上他們已擁有相當大的聲量和客群，反而能加乘推廣效果。

常喝手搖杯的讀者會發現，清新福全也採取類似方式，至
2017年始陸續與蛋黃哥、幾米、Hello Kitty等知名IP合作，
推出手搖杯身、提袋等周邊商品，提升自家茶飲的附加價值。
假如將這些圖像比擬成偶像人物，粉絲經濟的力量可是不可小
覷，粉絲很可能去購買聯名商品，甚至經常性回購，最終將能
達成不錯的行銷目標。

觀察團圓堅果，目標群眾約有四成是25~35歲的上班族，
這個族群對圖文插畫和貼圖的接受度很高，經過交叉比對後，
決定與台灣知名貼圖胖胖蕉合作，共同推出聯名的隨手包禮盒，
銷售成績上也獲得不錯的成績。若讓精準群眾僅購買一次聯名
產品非常可惜，故要有後續的追蹤：獨立出一個顧客群，分析
這群顧客的回購率、回購的客單價等等，並且建立再行銷推播
廣告，將IP聯名的效益極大化，以利後續的檢討和修正。

聯名是件互利互惠的商業行為，能快速拓展品牌知名度。
融會貫通第三章的廣告受眾分析，了解你的粉絲跟合作對象的
粉絲是否重疊、高度相關，進而規劃不同的活動策略，導入一
群精準的受眾，達到你所期望的標準！

五、社群王朝

　　隨著行動裝置不斷地推陳出新，加上行動社群崛起，包括臉書、Instagram等平台，成為現代人接收資訊、與朋友互動的重要管道，逐漸改變我們的生活型態和消費習慣。接下來，將介紹電商實例及經營小撇步，期待讀者能將其活用於電商品牌。

◎台灣社群平台用戶分佈

　　根據資策會統計，不同社群平台的用戶年齡、使用行為有區別，故在經營品牌的社群之前，先了解目標群眾常使用的平台是哪些吧！

12-17
歲

1) Facebook 97%
2) LINE 97%
3) YouTube 89%
4) Instagram 77%
5) PTT 66%
6) Twitter 35%

18-24
歲

1) Facebook 98%
2) LINE 95%
3) YouTube 87%
4) PTT 80%
5) Instagram 71%
6) Dcard

25-34
歲

1) Facebook 96%
2) LINE 94%
3) YouTube 73%
4) PTT 69%
5) Instagram 45%
6) 微信 27%

35-44
歲

1) LINE 95%
2) Facebook 94%
3) YouTube 53%
4) Instagram 26%
5) 微信 21%
6) PTT 23%

45-54
歲

1) Facebook 86%
2) LINE 84%
3) YouTube 48%
4) 微信 20%
5) Twitter 13%
6) Instagram&PTT 11%

55歲
以上

1) Facebook 81%
2) LINE 64%
3) YouTube 38%
4) PTT 12%
5) 微信 11%
6) 無帳號 6%

● 台灣各年齡層擁有社群帳戶之比例　（數據引用自資策會FIND 2017年統計）

我們的生活已無法離開手機，臉書動態的資訊儼然取代傳統電視節目，資訊爆炸的時代確實來臨。智慧型手機滲透率持續提升，伴隨著相關產業的興起，倘若品牌能將數據精準掌握，分析使用者特性和偏好，持續優化內容資訊，將能對準市場搶佔商機。

　　根據資策會研究，台灣近八成民眾每日使用手機超過兩小時，其中黏著度最高的分別是Facebook以及Line，年輕族群更是頻繁地使用YouTube及Instagram。瞭解各平台的使用族群後，聰明地投放廣告，提供優質的內容給目標族群，受眾被網羅的機率就會大幅提升。經營電商不能僅志在衝高流量，亦須培養與顧客之間的信任，聚集粉絲，進而達成轉換才是王道。

ϟϟ 小技巧：

在經營社群時，可以針對不同年齡層的受眾，透過不同的管道來和粉絲溝通，常見的操作手法例如：透過Messenger訊息、EDM或SMS簡訊，分別傳送各社群的邀請連結給不同族群的受眾，將粉絲導入適合的社群平台進行溝通。高年齡層的受眾可以邀請他們加入品牌Line群；年齡層低的受眾可以邀請他們追蹤品牌Instagram，進而針對不同的社群平台製作專門的貼文，和粉絲溝通，提升品牌社群力。

◎經營社群小撇步

品牌若要建立第一批群眾，並沒有想像地如此困難，做好事前準備就可以跨出第一步。

首先，將現有的顧客名單整理完善，運用Email 、電話、私密訊息的管道連繫，詢問顧客是否有意願加入私密社團、與品牌一起打造相同興趣的社群。

當社群成立後，可以創造一位社團中的品牌發言人，可以是吉祥物、老闆化身、或是任何社群感興趣的形象，讓粉絲們都加你為好友。為什麼要這樣做呢？以目前臉書功能來說，當你的好友在社團發表文章，你將會收到通知，此操作能使貼文的觸及率提升，主動點選你的貼文！

在經營社團時，必須嘗試讓行銷文案具有溫度，並給予粉絲意想不到的驚喜，包含不定期的優惠或活動，同時反問自己「如果我是粉絲，願不願意分享」、「收到這份驚喜會不會想拍照打卡」，懂得抓住粉絲的喜好，即能觸動消費者的心。

有鑒於品牌和顧客的互動，從奉承關係進階到人本行銷，品牌與社群互動的目的不是銷售，而是互相了解，運用人與人的連結促使顧客參與。要跟粉絲站在一起、想同樣的事、甚至有同樣的理想，這也是許多品牌堅持著：每個月電訪消費者、與消費者面對面交流訊息的原因，除了拉近與粉絲的距離外，立即的回饋建議往往都是珍貴的。

288
──
289

不僅是臉書社團，Line或YouTube也是能經營粉絲的管道，每個社群的性質不太一樣，臉書社團主要目的是增加流量和轉換率，而YouTube則以主題影片和自製內容為主，採取訂閱制方式，使粉絲黏著度較高。無論使用何種社群，巧妙運用平台特性與粉絲互動，就有機會經營得有聲有色。

以下藉由**Unicorn獨角獸、iCook愛料理、Wedding Day我要結婚了**三個從社群起家的成功品牌，來與大家分享建立社群的三個階段！

◎社群經營實例分享

社群網絡的建立是需要用心經營的,而在社群成立的各個階段,發展方向也都不一樣,成立社群的過程大致分為三階段,分別為建立社群前的**「了解目標社群」**、讓社群穩定的**「產出精質內容」**、以及社群穩定後的**「發展社群媒體」**,以下將藉由三個成功的社群經營案例,帶出每時期的核心重點。

1.了解目標社群,Unicorn獨角獸男士保養品

Unicorn 型男保養品的創辦人 Johnny, 經營前觀察到保養品市場中,目標客群是男性同志佔了三到四成,為了更了解產業結構,創辦人Johnny三個月內與百位男同志聊天互動,不是以創辦人的身分,而是從朋友的角度去觀察對方的訴求以及生活方式。實際上,一但了解族群的訴求與生活語言就容易和粉絲產生共鳴,運用於廣告素材中能創造紛絲互動的效果,品牌就有機會走進消費者的心。此外,不斷地對話會摸索出粉絲的愛好和特點,讓每個部門能相互合作,共同開發出明星商品,如 Unicorn 研發的鬍子生長液、臀膜等熱門產品。

Unicorn在建立社群前先用心觀察目標族群，從了解他們
說什麼、看什麼、做什麼，推敲出他們喜歡什麼、在乎什麼，
並且在溝通時使用他們才懂的語言，成為品牌與消費者之間的
小默契，拉近與TA的距離，讓他們知道品牌是在身邊就能觸及
的朋友，甚至在關鍵時期會為他們挺身而出，跟消費者站在一
起，也是Unicorn透過社群起家的致勝關鍵。

 小知識：

Unicorn專注於經營型男保養品市場，抓緊男同志保養需求，推出全球首創的
「臀膜」迅速在同志圈引起話題，開闢出一片藍海。創立第一年便有破千萬
的營收，其中九成都來自男同志，並在2016年推動同志平權運動一路至今，
真正用行動支持同志社群。

2.產出精質內容，iCook愛料理

　　愛料理是台灣最著名的網路食譜平台，擁有15萬份以上的食譜，每天更新不同類型的創意食譜，使得龐大喜愛料理的消費者，願意花時間瀏覽內容和影片，進而在線上市集購買產品，回購率高達五成。愛料理提供如此優質的內容，消費者對品牌產生一定的信任感，便會成為忠實紛絲，替品牌背書。最終，愛料理成為全台最大的食譜平台，運用社群快速傳播的力量，把相同嗜好的人聚集一起，提供免費的內容資訊，扎實經營品牌和用戶關係。

　　愛料理透過「內容行銷」建立強大的社群網絡，可堪稱是電商界的典範。利用內容經營社群時，絕對要提供優質且關聯性高的題材（可參考 p.236 內容行銷，增強Referral）發佈對目標客群最有價值的內容，才能成功吸引粉絲，最後讓用戶成為黏著度最高的忠實顧客。

 小知識：

在台灣，只要是烹飪、烘焙愛好者，一定都聽過「愛料理 iCook」。2011年成立至今，愛料理平台已擁有超過15萬份以上的食譜，Facebook粉絲數更多達190萬人，是亞洲最大的食譜社群平台，更是台灣最成功的電商平台之一。

3.發展社群媒體，Wedding Day我要結婚了

　　Wedding Day是全台最大的婚禮平台，2017年全台十三萬位新人中，就有超過六成使用過他們的網站，Wedding Day一開始藉由經營新娘們的臉書私密社團，互相解決問題、分享喜事，增加社團氣氛和溫度。Wedding Day創造一個舒適的虛擬空間，爲忙碌的新婚夫妻解決疑難雜症，社團中每天將近有三十篇的文章分享，比公開粉絲專頁的互動更爲熱烈。此外，管理者的身分除了發表實用的文章，更得觀察這群精準受眾聊的話題，藉此讓行銷部門發想新文案、產品部門推出新服務給新娘們，增加品牌的影響力。

 小知識：

> Wedding Day，全台最大的婚禮平台，進駐四百多家精選廠商，從婚紗、婚設、場地、禮品全部包辦，替數十萬對新人找到最佳的婚禮廠商，更有超過三萬篇新娘真實體驗文章背書，把廠商的資訊透明化，消除新人對婚禮廠商的疑慮，打造線上真實推薦，線下體驗購買的完整社群。

　　Wedding Day專注於經營新娘社團，杜絕廠商也杜絕任何不相干的人士加入，甚至新郎也不例外。在社團中鼓勵使用服務後的「學姊」們撰寫心得文，分享喜悅也造福更多姊妹，Wedding Day還會讓撰文者知道自己的文章幫助了多少「學妹」，不僅讓學姊獲得成就感，更能進一步觀測文章流量了解TA興趣，調整服務方向。爲的就是讓新娘們在面對一生一次的婚禮時，能夠獲得最真實且有效的資訊。如此精準的經營最後打造出極強的口碑，成功塑造出「要結婚就要加入這個社團」的形象，讓用戶「呷好道相報」，把身邊要結婚的姊妹們通通拉近社團。

　　而Wedding Day不止步於此，擔心臉書觸及調降的影響擴散到社團，Wedding Day開始邀請大家在官網上分享，建立部落格，漸漸培養TA使用官網的習慣，不僅邀請專欄作家，也讓每個TA參與網站成長，一同撰寫心得，這便是發展社群媒體的第一步。Wedding Day藉著新娘喜好分享的個性，用較低的成本產出大量的優質內容。最終成功的將流量導向官網，有三成的流量來自其建立起的部落格，期間不僅累積了三萬多篇心得分享，更讓部落格成為了新人必讀的指標。

　　在回購率趨近於零的婚禮市場，用優質的內容留下消費者，產生了**流量導入→吸引廠商進駐→更多內容素材與流量**的良好的循環。至今Wedding Day的部落格已經有相當穩定的流量，原本的社群也從單純分享走向能獲取新聞新知的婚禮媒體平台，所謂社群媒體也逐漸成形。

 段落小結：

　　相信透過這三個品牌的成功案例，能讓大家理解經營社群的三門功課「了解目標社群」、「產出優質內容」、與「發展社群媒體」。經營社群必須深入了解消費者輪廓，使受眾建立歸屬感並加深品牌認同。社群穩定成長至一個階段，有一定流量與內容時，就能嘗試把內容彙整，往社群媒體發展，培養用戶在網站吸收資訊的習慣，提升回頭率讓淺在消費者成為忠實顧客。

六、電商品牌線下攻防戰

　　品牌挾帶線上電商的優勢進入線下市場，能規劃的行銷策略愈加多元。目前全台零售交易額中電商僅佔比約13%（1.25兆台幣），儘管電商年成長率達20%，台灣消費主流仍在實體通路，因此電商品牌最終還是必須跨入線下通路。

　　初期小品牌沒有多餘的資金和完善設備，入駐線下的主流通路並不是件容易的事，要考慮的層面包羅萬象。不管是通路主動邀約或是品牌主動開發通路市場，都應做足功課再出發。

　　團圓堅果過去在入駐百貨通路時，因為對於票期、分潤以及成本結構的不了解，導致營業額即便是全檔期前三名，卻在經營上遇到了很大的危機，因此本章節希望藉由過去團圓堅果於實體上架的經驗，與讀者分享電商品牌上架實體通路須注意的事項，以免重蹈覆轍：上架費之外的**經營費用、檔期票期的資金運作，以及通路促銷與末端售價**。

1.上架費之外的經營費用

若品牌有意採取合作模式，無論線上或線下，都必須懂得觀察通路性質與形象，依照自身品牌的衡量標準進行評估，勿讓不適任的平台降低產品的銷售利潤、瓜分現有客群，甚至經常祭出下殺折扣，導致品牌形象嚴重受損。此外，現今網路十分普及，倘若末端售價不一致，消費者很容易直接上網比價，造成產品難以銷售的窘境。

當品牌進一步收到合約後，紙上載明的**商品進價、上架費用、活動折扣、固定退傭，到物流運費計算、交貨流程和票期天數**等等，必須耐心熟讀和深入瞭解其中意思。若品牌團隊大多對財務和法律無經驗，必須尋求專業人士解答，詢問相關產業可能遇到的風險，以備不時之需。

確認簽約前，請務必計算好稅後的淨利，團圓堅果進駐主流通路後，深感精算稅後淨利的重要性，千萬避免產品銷售量高卻利潤過低，終究只是白忙一場。除了產品本身的**生產成本、人事成本**以及**稅額**之外，更重要的莫過於**實體通路的分潤條件**。

通常主流通路會依不同的品牌知名度，以及通路的獲利額度大小，給予專屬品牌的銷售條碼，銷售的分潤落在15%～40%不等，加上稅額5%以及促銷活動10%～20%，還有品牌自身的隱藏成本，包括物流費用和人事成本。這裡再次強調，**扣除各項費用後的稅後淨利，為是否入駐通路的標準之一**，算得愈精確愈保險，否則開拓再多通路卻收支失衡，形成惡性循環。

 小知識：

> 依照團圓堅果過去的經驗，百貨臨時專櫃銷售分潤落在18～25%不等；百貨上架銷售分潤落在35～40%不等；百貨經銷通常採取買斷的方式，分潤落在18～25%不等；便利超商銷售分潤落在40～50%不等，外加上架費用50～100萬不等；量販店上架銷售分潤落在40～45%不等，外加物流倉儲費用5%。

	百貨臨時專櫃 （須自行站櫃）	百貨公司櫃位 上架	百貨經銷 （買斷經銷）	便利超商上架	量販店上架
分潤條件 參考	18～25%	35～40%	18～25%	40～50%	40～45%
常見通路	中友百貨 微風百貨 SOGO百貨	誠品百貨 誠品生活expo	遠東百貨	7-11 全家 萊爾富	愛買 大潤發

2. 票期的資金運作

現金流相較於傳統利潤的算法，能更瞭解公司的確切盈利狀態。誰能有效掌控現金流，就能掌握勝負成敗，因此每間公司極盡所能拉長支付款項的時間，也是所謂的「票期」。

當電商品牌決定入駐實體通路，合約上著名「票期30天」，這究竟意味著什麼呢？意思是，假設品牌所參與的檔期為5月1日～5月31日，而在這31天裡所販售的營業總額，都將在5月31日後的30天，也就是6月30日才能收回。

💡 小知識：

> 通常會計在月結作帳時，會有5～10天的工作期，依照每間公司會有不同的發款時間，因此真正收到款項的時間亦有可能會往後推算5～10個工作天。

舉個例子讓大家更明白，假設團圓堅果的戶頭裡只有10萬塊現金，這代表著公司能拿來支付員工薪水、進貨成本以及物流費用等雜支的額度只有10萬塊，然而當公司決定入駐百貨通路，拿出5萬塊製造產品、3萬塊支付站櫃人員薪水、2萬塊廣告宣傳，戶頭剩下0元。在檔期中，營業額表現非常優秀，扣掉抽成營業總額為20萬，但問題來了，這20萬元的現金要等一個月才會入帳，這時團圓堅果便面臨了即使有訂單也無法出貨的困境，因為當初在入駐實體通路時，完全沒有考量到票期的計算，導致戶頭已完全沒有現金周轉，無法生產產品以供出貨。

不過，換個角度想想，同樣的道理是否也能和供應端廠商
談「月結票期」呢？答案是沒錯！倘若品牌和上游廠商同樣談
「票期30天」，意味著這個月的進貨成本，都將在下個月底才
需支付，因此，**通路的票期越短越好，供應廠商的票期越長越
好。**

電商品牌初期無法降低製造成本、資金也不足夠，容易在
合作票期上卡關，當然這也是考驗品牌的關鍵之一，你可以選
擇票期較短的平台，或是與對方業務多加說明情況，要求減短
票期或釋放其他優惠。往後，每間公司的財務人員會定期將金
流匯給公司，除了定期查帳，你必須檢視自身的產量和庫存，
多上架一個平台即是多一個銷售管道，也意味著將多卡一個票
期，倉儲和金流管理都得仔細摸索。

 小知識：

> 依照團圓堅果過去的經驗，百貨臨時專櫃票期約為30～45天不等；百貨上架
> 票期約為30～45天不等；百貨經銷票期約為30～45天不等；便利超商票期約
> 為60～90天不等；量販店上架票期約為45～60天不等。

	百貨臨時專櫃 （須自行站櫃）	百貨公司櫃位 上架	百貨經銷 （買斷經銷）	便利超商上架	量販店上架
票期	30～45天	30～45天	30～45天	60～90天	45～60天
常見通路	中友百貨 微風百貨 SOGO百貨	誠品百貨 誠品生活expo	遠東百貨	7-11 全家 萊爾富	愛買 大潤發

3.通路促銷與末端售價

　　成功在實體通路上線後，因應不同平台活動，一定會有行銷的花費，例如滿額贈、新品上市或節日檔期等促銷方案，固然價格難以和線上同價。至於制訂價錢是一門藝術，一方面要使淨利能提高，一方面要讓消費者願意買單，這點值得與公司內部多加商討，找出產品能被接受的零售價格。

　　不影響線上經營的情況下，須審慎評估產品售價，並掌握線下實體行銷的預算額度。通路可以提供大量的人潮與完整的上架平台，依照供應商的配合程度和參與度，活絡產品的買氣、提升品牌知名度，達到最好的銷售成績。如果幸運的話，線下活動引起爆炸性的產品需求，讓你的品牌成功邁向下一個階段。

 小知識：

依照過往開設實體店以及百貨專櫃的經驗，通常新品牌為了要提高消費者的注意，並提升市場買氣，品牌往往會配合百貨通路活動，包含：**現金禮卷、點數折現、買千送百**以及品牌自身祭出的**組合促銷**，假設平均客單價為一千塊，通常所對應的折扣百分比約為：**現金禮卷5～7%、點數折現2～5%、買千送百0%（通路吸收）、品牌組合促銷5～10%**，供大家參考。

　　即使跨入線下，也不能忘記LTV的重要性，一味的促銷殺價對品牌來說都是不健康，制訂末端售價是不能和原價相差太多，品牌若是任意的調動末端售價，往往會造成消費者對品牌的不信任。任何從電商走向實體的品牌，大多都已經建立好自己的品牌價值，一面經營實體通路時也絕不能放棄，品牌核心精神必須貫徹始終。以上都是與通路商洽談合作前，必須做好的事前功課。

　　上架成功後，可以多多爭取通路商舉辦的主題活動，只要在不影響品牌力的前提下都能爭取參與。進軍線下最重要的是：建立起品牌的評估方法與營運機制，評估點包括最基本的銷售量、線下經營的預算開銷；營運機制應具備足夠的庫存、不同檔期的產品之銷售模式。品牌開通實體必須有耐心且系統性整理出屬於品牌的操作SOP，在這條具挑戰性的道路上，愈加得心應手。

Ecommerce
Zero to One

Hack Everything ———

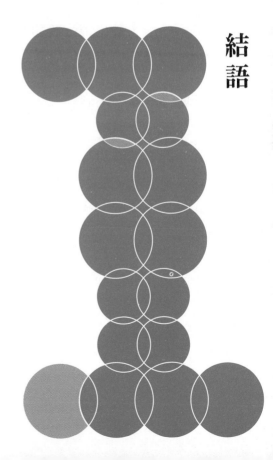

結語

結語、Hack Everything

飢渴與趨勢

有人說創業就像在穿越幽暗的隧道，在食物補給耗盡前要走出來；其實更多時候創業就像跳下懸崖，在墜地前要把飛機做出來，更要能起飛。創業必須隨時保持飢餓，去追求新鮮的事物，悠哉的創業無法讓自己立足，尤其在這個資訊快速流通的時代，一個不留神就會被新秀超越或是被大公司消滅。

但我也認為現在是最適合進軍電商的時候，新的工具與技術如雨後春筍般出現，就如同Facebook的興起，讓不少公司得以起飛展翅，乘著這股新趨勢的浪潮，就有機會以小搏大。臺灣「流通教父」徐重仁說過：「市場永遠不會飽和，只有重新分配。」大眾的需求一直都在，但當你跳進去時，又能佔有到多少市場？因此，在新科技掀起革命時，我們要隨時保持敏銳度，配合產業的需求加入新技術。馬雲說，守舊的企業面對新興事物時會經歷看不見、看不起、看不懂、來不及四個階段，新創就是要贏在這裡，在對手還沒意識到趨勢時，攻下自己的城池。

線上跟線下

　　近年來電商平台競爭激烈，例如強勢登台的蝦皮購物，打出了免運補貼的優惠，威脅本土 PChome、momo 等大型電商平台，讓台灣電商平台陷入削價競爭的泥淖。但對於平台賣家來說，可以趁勢以較便宜的優惠上架電商平台，或是在更多管道販售自己的產品，這種競爭帶來的結果反而是件好事。

　　線上各大平台的競爭，也讓消費者習慣了低價的商品，而促成消費的最大誘因就是價格，因此過去這兩年，有更多的民眾因為低價的誘因，首次在網路上消費。實體賣場已經無法趕上網路購物永無止盡的折扣以及便捷的購物流程。根據尼爾森2017年統計，台灣已經有近四成的民眾曾於過去三個月網路購物，年平均網購消費金額更高達26,487元，換句話說，蝦皮的登台讓電商平台祭出低價比拚，也間接造成了台灣民眾消費型態的轉移，而我相信這樣的趨勢會持續擴大。

　　以上當然不是鼓勵大家去做削價競爭，電商創業者必須要找出價格以外的優勢，才有辦法存活。但這樣的競爭讓更多消費者注意到了網路購物的便利，經營電商品牌就有更多機會。

Hack everythinng

在最後我想跟大家分享Hack的精神。這是我創業以來督促自己的座右銘，也是小新創之所以能與大企業抗衡的關鍵。

Hack是種解決問題的態度、方式，即使不是大眾認為的標準解法，但運用各種思維、工具快速地把問題解決。Hack的戰術打的不是焦土般的陣地戰，而是快速又刺激的游擊戰。Hack追求快速且有效的解決問題，但不是魯莽的橫衝直撞，而是要深刻了解每個步驟，對症下藥。

之前聽前輩分享「千金難買少年窮」，我很慶幸自己創業時也是窮得可以！一開始只有五萬元的資本，初期根本沒有龐大的資金與人力，所以在資源匱乏的窘境下，面對任何問題都得非常的謹慎小心，在眾多選擇中找出最適合的解法。

此外，沒有任何一家公司的經營模式和團隊特質是一樣的，所以就得Hack出專屬於自己的路徑，沒人能告訴你正確解答。只能在「解決問題」這條看似直線的路上，嘗試解構分析，找出更多可能性。

在Hack的精神裡，「延展」才是關鍵，不耽溺在世俗稱爲「常識」的既有答案，破除成見找出另外一種更好的解方，便是 Hack的精神。

不要侷限在別人「有多麼成功」，而是思考他們「爲什麼成功」，多去想What、Why和How，取代簡單的Yes or No問句，這樣脈絡化的思考，才能讓你不錯失創業最精華的關鍵。

拆解黑盒子就是Hack精神的體現。身處數位時代的我們，必須拆解黑盒子，了解數據背後所代表的意涵，一直拆解到可執行優化的元素，如常用的：點擊率、跳出率、轉換率等，找出自己和別人的差異，並且拉開差距，才能將我們的優勢最大化。如果跟一般人一樣，只知道表面的Input流量）跟Output（利潤、用戶），在優化成績時就會像無頭蒼蠅般盲目試錯，因爲改善「結果」的方式有無限多種！當帳面數字不好，行銷部門會說：「多下廣告就能改善」；產品部門會說：「多花時間開發新功能，強化體驗就能解決」；營運部門會說：「辦儲值活動就能衝高營收」，不同面相會有不同的問題解法，如果只盯著結果搔首苦思，反而會走很多冤枉路。

　　也許是某種平衡，許多公司在規模化之後，會漸漸失去Hack的能力與精神，因為Hack的過程太辛苦了！當公司有了資金和人力，原本需要Hack的問題現在都能用錢解決，自然而然公司就會把心力放在其他事務上，這些能快速修正問題的彈性，也隨著公司長大而慢慢消失了。所以對於在成長中的電商來說，Hack 搭配新科技趨勢，就是扳倒企業的利器！

　　在踏入創業之後，我也慢慢Hack出兩個我認為電商至關重要的方向。第一是品牌要贏在對消費者輪廓的了解，透過數據，知道消費者的購買行為、流程、程序，找出需要優化之處，提供更好的品牌服務。第二是廣告是要贏在如何用數據去思考，如何把CTR提升，運用社群的力量、操作消費者的心理。電商有辦法快速成長就是因為有管道能直接了解TA的輪廓，就知道這群人喜歡什麼，去達到最精準地投放。

　　我們一路從零開始，從觀念到實作一起討論了許多問題，在零到一的過程中，能與這麼多對電商創業有興趣的夥伴分享，這是一件很滿足的事。希望我的這些淺見，能與讀者一同激盪出新的想法與動力。

　　也期許自己跟大家一起，帶著最初創業的熱誠，Hack everything！

參考資料

[1] 凱度消費者指數 *Kantar Worldpanel*（2017）。2017年全球報告「民生消費品在電子商務的未來」。2017年11月22日，取自
https://www.kantarworldpanel.com/tw/news/2017-EC

[2] 商業周刊 *Business Weekly*（2017）。第1542期決勝新製造——一顆可樂果的抉擇。2017年6月1日，取自商業周刊第1542期

[3] 財富雜誌 *Fortune*（2012）。Amazon's recommendation secret。2012年7月30日，編譯取自
http://fortune.com/2012/07/30/amazons-recommendation-secret/

[4] 數位時代 *Business Next*（2018）。客戶關係管理CRM（Customer Relationship Management）。2018 年7月30日，取自
https://www.bnext.com.tw/search/tag/CRM

[5] SHOPLINE 自助電商教室（Akai Chan，2016）。SEO 搜索引擎優化 終極指南。2016年10月14日，參考取自
https://shopline.tw/blog/seo-ultimate-guide/

[6] 天下雜誌部落格（黃逸旻，2018）。你了解IG嗎？13-24歲的人為什麼、又如何使用IG？。2018 年 2 月 4 日，取自
https://www.cw.com.tw/article/article.action?id=5087930

7 Content Marketing Institute（Julia Mccoy，2016）。Why is Content Marketing Today's Marketing? 10 Stats That Prove It。2016 年 8 月 29 日，編譯取自 https://contentmarketinginstitute.com/2016/08/content-market-ing-stats/

8 股感知識庫 STOCKFEEL（Joseph Wang，2015）。產品生命週期。2015年11月2日，參考自 https://www.stockfeel.com.tw/產品生命週期/

9 資策會FIND（2016H2，2016）。八成以上台灣人愛用Facebook、Line坐穩社群網站龍頭1人平均擁4個社群帳號年輕人更愛YouTube和IG。2017年5月1日，參考自 https://www.iii.org.tw/Press/NewsDtl.aspx?nsp_sqno=1934&fm_sq-no=14

電商Zero to One：從0到1
Ecommerce Zero to One：From 0 to 1

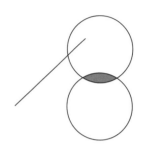

作者 / 劉家昇

出品人 / 馬惠率 Haesol Ma

發行人暨總編輯 / 王宇萱

主編 / 林子鈞

總監製 / 徐梓寓

責任監製 / 劉家宏

行銷監製 / 徐梓寓

視覺設計 / 朱俊達

媒體企劃 / 林子鈞

特別感謝 / 蘇大爲

出版者 / Zero to One廣告

地址 / 台北市信義區基隆路一段180號5樓

電話 / 0988-137045

官方網址：https://www.zerotoonead.com

E-mail / zerotoone.ad@gmail.com

總經銷 / 時報文化出版企業股份有限公司

電話 / (02)23066842

地址 / 桃園市龜山區萬壽路2段351號

書籍編碼 / Z000122

2018年6月15日第一版第一次發行

2022年11月1日第一版第七次發行

定價：380 元

ISBN：978-986-96544-0-1

CIP：490.29

Zero to One官方網站：www.zerotoonead.com

團圓堅果官方網站：https://www.tuanyuannuts.com

電商Zero to One：從0到1 / 劉家昇作. --
第一版. -- 臺北市：Zero to One廣告, 2018.06
　面；　公分

ISBN 978-986-96544-0-1(平裝)

1.電子商務 2.商業管理

490.29　　　　　　　　107007872

ISBN 986-96544-0-1

EZO